物联网技术应用专业岗课赛证融通系列教材

单片机技术与 C 语言基础

主　编　吴　民　廖文良　段金蓉

副主编　吴焕祥　沈　文

参　编　魏美琴　郭子杰

主　审　胡志齐

電子工業出版社

Publishing House of Electronics Industry

北京•BEIJING

内 容 简 介

本书参照 1+X《传感网应用开发职业技能等级标准》，根据物联网相关科研机构及企事业单位中物联网工程模型设计、嵌入式开发、售后技术服务等工作岗位涉及的职业技能要求，通过 5 个单元介绍了单片机 CC2530 的结构与初级程序控制应用，在智能交通信号灯控制的任务背景下，介绍了 C 语言编程的环境及程序结构与语法等内容。

通过对本书的学习，学生可以掌握单片机 CC2530 的 I/O 口、外部按键、定时器 1、串口输入/输出的程序控制方法，能够完成涉及以上内容的嵌入式开发任务。本书能让学生在程序控制实现过程中了解单片机的工作原理、控制方法，同时掌握 C 语言编程的基础知识和通过逻辑编程解决各类实际问题的思路与方法，为学生打开了一扇深入学习物联网嵌入式技术的大门。

本书可作为职业院校物联网相关专业、计算机相关专业的教材，也可作为 1+X 传感网应用开发职业技能等级认证的培训教材，还可作为从事物联网嵌入式开发、单片机使用与 C 语言编程相关工作的技术人员的参考用书。

图书在版编目（CIP）数据

单片机技术与 C 语言基础 / 吴民，廖文良，段金蓉主编. —北京：电子工业出版社，2023.9

ISBN 978-7-121-46163-7

Ⅰ. ①单… Ⅱ. ①吴… ②廖… ③段… Ⅲ. ①微控制器 ②C 语言－程序设计 Ⅳ. ①TP368.1 ②TP312.8

中国国家版本馆 CIP 数据核字（2023）第 155850 号

责任编辑：张　凌
印　　刷：北京七彩京通数码快印有限公司
装　　订：北京七彩京通数码快印有限公司
出版发行：电子工业出版社
　　　　　北京市海淀区万寿路 173 信箱　　邮编　100036
开　　本：880×1230　1/16　印张：11.5　字数：265 千字
版　　次：2023 年 9 月第 1 版
印　　次：2024 年 12 月第 2 次印刷
定　　价：37.00 元

凡所购买电子工业出版社图书有缺损问题，请向购买书店调换。若书店售缺，请与本社发行部联系，联系及邮购电话：（010）88254888，88258888。

质量投诉请发邮件至 zlts@phei.com.cn，盗版侵权举报请发邮件至 dbqq@phei.com.cn。

本书咨询联系方式：（010）88254583，zling@phei.com.cn。

前　　言

本书是1+X传感网应用开发职业技能等级认证前导课的教材之一，是职业院校物联网相关专业必修课程“单片机”的配套教材。党的二十大报告在到二〇三五年我国发展的总体目标中提出，建成现代化经济体系，形成新发展格局，基本实现新型工业化、信息化、城镇化、农业现代化。物联网技术将有力支撑助力现代化建设。本书依据物联网安装调试员职业资格标准和职业岗位调研，在内容和呈现形式等方面进行了改革创新，以适应中高职课程衔接，体现职业教育信息化，有效推动项目教学、场景教学、岗位教学等教学模式改革。

本书以单片机CC2530和C语言程序基础应用为核心，以智能交通信号灯工作场景为主线，由浅入深地介绍单片机CC2530的I/O口、外部按键、定时器1、串口输入/输出的程序控制方法，采用任务式教学方法，培养学生利用C语言编写程序使用单片机CC2530的能力。本书编写特色如下。

（1）以智能交通信号灯项目为主线进行任务分解。

将智能交通信号灯项目分解成多个任务，且下一个任务在上一个任务的基础上不断提升。

（2）先知识储备后任务实施。

在任务实施之前先做与本任务相关的知识铺垫，然后进行具体的实操训练。

（3）多种方法实现功能目标，并进行对比分析。

同一功能目标采用多种实现思路，培养学生的工程思维能力。

（4）强化“学中做、做中学”理念。

在理论知识学习中注重实训，在实训中强化对理论知识的掌握。

（5）以立体资源为辅助，驱动教学效果提升。

本书配有丰富的微课视频、PPT、教案等资源，可满足职业院校学生的多样化需求，提升教学效果。本书参考学时为108学时，可根据实际情况增减。

本书是北京市信息管理学校与北京新大陆时代科技有限公司（以下简称新大陆）合办的新大陆物联网工程师学院的教学成果之一。本书由北京市信息管理学校的吴民、段金蓉和新大陆的廖文良担任主编，新大陆的吴焕祥、沈文担任副主编，北京市信息管理学校的胡志齐担任主审。其中，沈文、段金蓉负责编写第 1 单元，廖文良、吴焕祥负责编写第 2～第 5 单元。新大陆的魏美琴、郭子杰协助完成了大量的资源制作。

由于时间仓促及编者水平有限，书中难免有不妥和疏漏之处，恳请读者批评指正。

编　者

扫一扫观看本书配套视频资源

目　录

导　读

交通信号灯让道路交通变得有秩序，我们步行、坐车都可以看见交通信号灯。常见的交通信号灯有红绿灯、方向指示灯、车道信号灯、人行横道信号灯及事故多发路段提醒来往车辆小心驾驶的闪光警告信号灯等。《道路交通信号灯设置与安装规范》（GB 14886—2016）中规定，根据路口的交通事故情况，达到以下条件之一的路口应设置信号灯：

a）3 年内平均每年发生 5 次以上交通事故，从事故原因分析通过设置信号灯可避免发生事故的路口；

b）3 年内平均每年发生一次以上死亡交通事故的路口。

由此可见，交通信号灯的设置对减少交通事故，维护交通安全有不可替代的作用。

在很多繁忙的路口，车流量在一天中并不是固定不变的，尤其是早高峰和晚高峰，道路几个方向的通行量不对称，存在明显的潮汐效应，早、晚高峰的峰值流量方向也不同。智能交通信号灯融合了先进的物联网、云计算、人工智能等新兴技术，根据车流量控制了车道的放行时间，优化了交通，有利于缓解交通拥堵，提升通行效率和交通品质。为了鼓励公交出行，由深圳市城市交通规划设计研究中心牵头设计的公交福田中心区“绿灯畅行”系统，通过智能交通信号灯的感知系统（包括高精雷达检测车辆、行人红外检测等设备），可实时感知到公交车的位置、速度和驾驶状态等。当公交车接近交叉路口时，根据当前交通信号灯的状态，通过适当延长绿灯的时间或缩短红灯的时间，保证公交车在经过每一个路口时都能够快速通过，如图 1-0-1 所示。

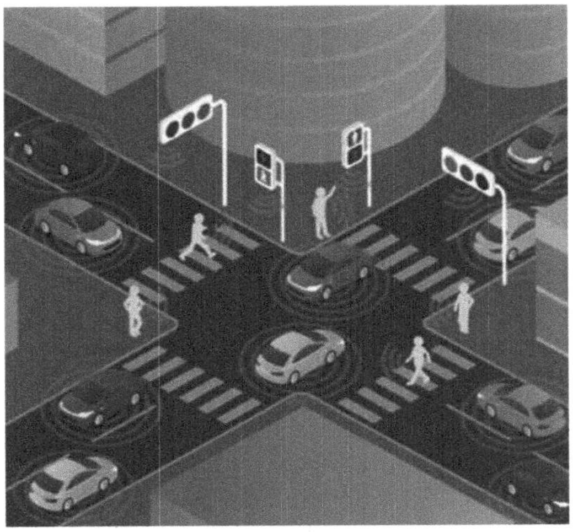

图 1-0-1　公交福田中心区“绿灯畅行”系统

本书以单片机CC2530智能交通信号灯模拟系统为硬件平台，如图1-0-2所示，学习CC2530的相关理论与编程调试，掌握交通信号灯工作的实现原理，并进行以下各项技能训练。

① 搭建IAR开发环境并进行工程配置，建立智能交通信号灯软件需要的编译平台。

② 掌握CC2530输出端口的编程方法，控制红、绿和黄灯的亮灭。

③ 掌握定时器1的编程方法，控制交通信号灯精确定时点亮和熄灭。

④ 掌握CC2530输入端口的编程方法，实现交通信号灯的工作模式选择和手动控制。

⑤ 掌握串口数据发送和接收的编程方法，实现交通信号灯接收计算机或手持终端传输的各种控制命令。

⑥ 通过CC Debugger仿真器进行代码下载和系统仿真，学会调试过程中对各种问题进行排查分析。

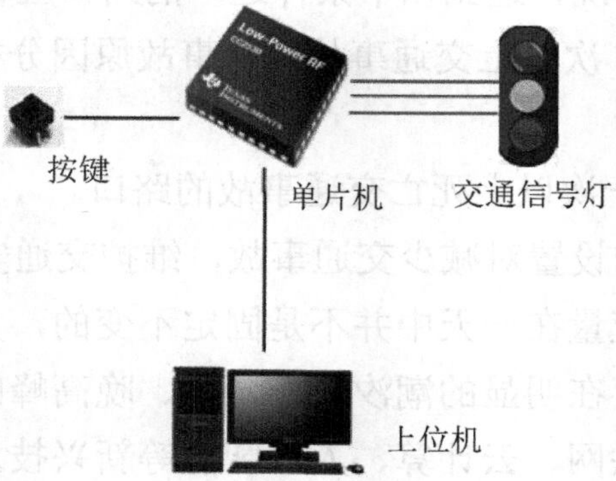

图1-0-2　单片机CC2530智能交通信号灯模拟系统

单片机已应用到生活中的方方面面，除智能交通信号灯外，还包括空调、冰箱、洗衣机、自动扫地机、电子钟表、手机、楼宇声控灯、停车场车牌感应抬杆、高速路ETC感应等，种类多至无法一一列举，可以说几乎全部电子设备中都有单片机的存在。本书使学生通过对CC2530的学习，掌握CC2530的开发工具和使用方法，为学习和应用不同种类的单片机打好基础。

第 1 单元

搭建单片机 CC2530 IAR 开发环境

学习目标

1. 职业知识目标

了解单片机的基本知识（概念、类型、开发环境等）。

了解软件工程的概念。

掌握 IAR 开发环境的安装方法。

掌握 IAR 工程的建立与配置方法。

掌握单片机 C 语言的程序结构。

了解单片机仿真器下载和仿真的基础知识、操作方法。

2. 职业能力目标

具有软件工程的概念。

具有利用工程思维解决问题的概念。

能独立安装 IAR 软件。

能独立新建 IAR 工程和配置 IAR 工程。

能使用单片机仿真器下载和仿真。

3. 职业素养目标

通过严谨的开发流程和正确的编程思路培养勤于思考和认真做事的良好习惯。

通过互相帮助、共同学习并达成目标培养团队协作能力。

通过讲述、说明、回答问题和相互交流提升自我展示能力。

通过利用书籍或网络上的资料解决实际问题培养自我学习能力。

通过完成学习任务养成爱岗敬业、遵守职业道德规范、诚实守信的良好品质。

任务 1 安装 IAR 开发环境

任务要求与任务分析

任务要求：

能够独立搭建 IAR 开发环境。

任务分析：

下载并安装 IAR 软件，建立 IAR for 8051 的开发环境。

建议带着以下问题进行本任务的学习和实践。

- 单片机的规范名称是什么？直译是什么？
- 单片机软件一般可分为几种类型？
- 单片机按用途可分为几种类型？其中，CC2530 属于什么类型的单片机？
- 单片机开发中最常用的高级语言是什么？
- IAR 开发环境中，支持 51 系列单片机开发的 IAR 是什么？

知识储备

1. 单片机简介

单片机的英文为“Single Chip Microcomputer”，英文简称 SCM，中文简称单片机，直译为“单片微型计算机”。单片机将 CPU（Central Processing Unit，中央处理器）、RAM（Random Access Memory，随机存储器）和 ROM（Read-Only Memory，只读存储器）整合在一个芯片中，专门为嵌入式产品而设计。随着单片机在技术、体系架构上不断扩展其控制功能，SCM 已不能够准确表达其内涵，国际上最终统一用 MCU（Micro Controller Unit）命名，直译为“微控制单元”。在国内，因为单片机一词已约定俗成，故而继续沿用，意指“芯片级计算机”。几种常用的单片机如图 1-1-1 所示。

（a）AT89C51　　（b）CC2530F256　　（c）MEGA32U4-AU

图 1-1-1　几种常用的单片机

（d）PIC18F14K50　　（e）GD32F103RBT6　　（f）MSP430AFE253

图 1-1-1　几种常用的单片机（续）

> **温馨提示**
>
> 上图封装只是举例，实际使用的单片机通常有多种封装可供选择，封装的名称和外形见本任务延伸阅读。

同计算机系统一样，单片机应用系统也是由硬件和软件组成的，硬件是系统的基础，软件则在硬件的基础上对其资源进行合理调配，从而完成应用系统所要求的任务，是功能的体现者。硬件和软件相互依赖，缺一不可。

硬件并非指单片机本身，还包括很多与单片机一起协同工作的外部电子元件。单片机外部搭配不同的电子元件，可以组建不同的硬件系统。本书使用的实训用设备包括 ZigBee 模块白板（本书中统称为白板）和 ZigBee 模块黑板（本书中统称为黑板），其中白板上单片机的外围电路相对简单，而黑板上单片机的外围电路则相对比较复杂，如图 1-1-2 所示。

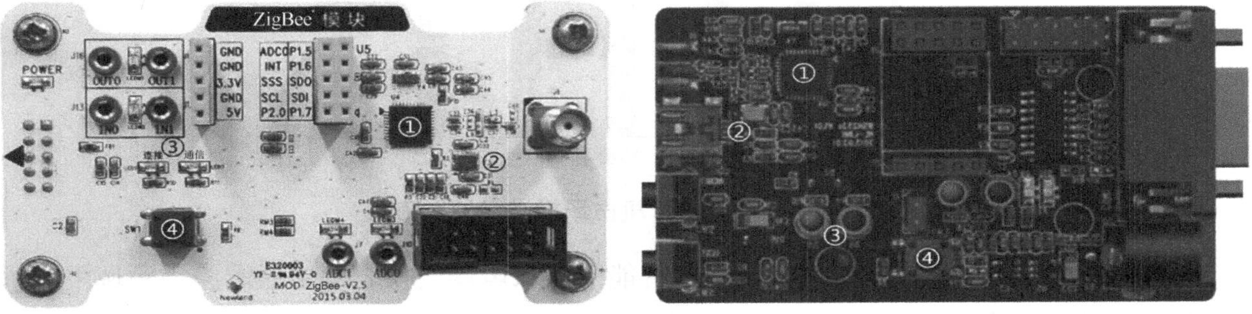

图 1-1-2　白板和黑板

由上图可知，一些关键的电子元件在白板和黑板中同时存在，具体如下：

标号①：CC2530F256 单片机。

标号②：晶振。

标号③：LED，作为输出指示。

标号④：按键，作为输入设备。

单片机的软件一般可分为操作系统和应用程序两大类。实际上，操作系统也是一个复杂的应用程序，是一个运行环境或平台。绝大多数应用程序都必须依赖于这个平台运行，如果平台出问题，那么应用程序必将受到影响，而单一应用程序出问题一般不会影响到操作系统，但严重的应用程序问题也会导致操作系统和所有程序一起崩溃。例如，在用计算机对 Office 文档进行编辑的过程中，有时会出现无法对 Office 文档进行编辑的现象，但仍可继续用酷狗音乐听音乐和用 QQ 聊天，这说明 Office 应用程序出了问题，并没有影响到 Windows 操作系统和其他应用程序的使用；假设所使用的计算机中病毒，病毒也是一种应用程序，它将会导致 Windows 操作系统和其他应用程序均不能使用。

计算机中有 Windows、UNIX、Linux 和 Mac 四类主流操作系统，单片机中常见的嵌入式操作系统有 40 余种，可以分为两大类：一类是面向控制、通信等领域的实时操作系统，如 μClinux、μC/OS-II、VxWorks 和 FreeRTOS 等；另一类是面向消费电子产品的非实时操作系统，如 Android 和 Linux 等。具有简单功能的单片机程序可以不使用操作系统，通过顺序运行和中断调度实现产品功能，如本书介绍的智能交通信号灯。

据 IHS 数据统计，2015—2020 年我国单片机市场复合年均增长率为 8.4%，同期全球市场几乎没有增长，2021 年我国单片机市场增长了 36%（高于全球市场增速的 23.4%），市场规模达到了 365 亿元，预计 2023 年我国单片机市场规模将超过 420 亿元，如图 1-1-3 所示。

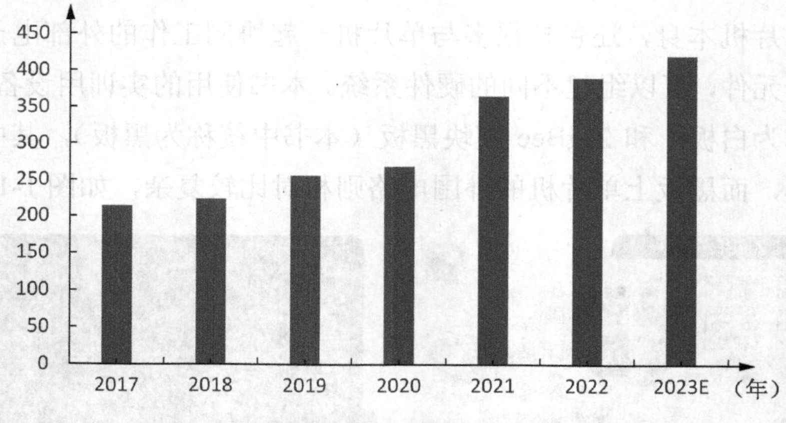

图 1-1-3　我国单片机市场规模增长与预测

国内单片机厂商主要在消费电子产品、智能卡和水电煤气仪表等中低端应用领域中竞争，市场潜力大且利润比较高的领域，如工业控制、汽车电子和物联网领域都被国外的单片机厂商垄断。近几年，芯片行业涌现出了一批优质企业，其中芯片设计企业包括华为海思、紫光展锐、兆易创新和汇顶科技等；晶圆制造企业包括中芯国际、华虹半导体和华力微电子等；芯片封测企业包括长电科技、华天科技、通富微电和晶方科技等。这些企业带动了国产单片机在高端领域的突破，市场占有率逐年快速增长。美国对我国的芯片出口限制虽然对华为等厂商有负面影响，但却间接带动了“国产替代”热，为国产单片机替代进口单片机提供了契机。

2. 单片机分类简介

单片机有多种分类方式。

（1）按用途可分为专用型和通用型单片机。

专用型单片机的用途单一，出厂时程序已经一次性固化好且不能修改，如应用于遥控器和电子计算器中的单片机。通用型单片机的用途很广泛，使用不同的接口电路，编写不同的应用程序就可实现不同的功能，如 CC2530。

（2）按内部总线的位数可分为 4 位、8 位、16 位、32 位和 64 位单片机。

这一点与计算机上 CPU 的分类是类似的。随着单片机制造工艺的改善，32 位单片机的成本逐年降低，目前 32 位单片机已经成为主流，正在逐渐占领原来由 8 位、16 位单片机主导的应用和市场。

（3）按照指令集架构可以分为复杂指令集（CISC）和精简指令集（RISC）两大类。

常用的单片机中只有 8051 采用复杂指令集，除此以外的单片机都采用精简指令集，如 AVR、PIC、MSP430 和 ARM 等。

（4）按生产厂商分类。

生产单片机的厂商数不胜数，排名靠前的主流厂商为瑞萨电子、恩智浦、微芯科技、意法半导体、英飞凌、德州仪器、赛普拉斯，都是国外的厂商；国内单片机主要厂商为兆易创新、中颖电子、灵动微电、芯海科技和新唐科技等。下面介绍英特尔（Intel）公司的 8051 和德州仪器（TI）公司的 CC2530。

MCS-51 单片机是美国英特尔公司生产的一系列单片机的总称，这一系列单片机包括了许多品种，其中 8051 是最早、最典型的产品。英特尔公司将 8051 的核心授权给很多公司使用，这些公司在保持与 8051 指令系统兼容的同时，也对 8051 进行了功能扩展和改进。国内习惯称呼兼容 8051 指令系统的单片机为 51 系列单片机，这一称呼包括了很多不同品牌、不同种类的单片机，并不是单指英特尔的 MCS-51 单片机。

TI 公司将全部的高频电路和 8051 内核集成到同一芯片内部，称之为射频 SoC，也称为无线单片机，CC2530 就是射频 SoC 的典型代表之一。射频 SoC 芯片外部只有很少的元件，简化了电路板的设计，大幅降低了高频产品的设计难度。CC2530 片上集成的 8051 扩展了高频通信相关的寄存器，将高频通信的处理简化为对寄存器的操作，即只需要对这些寄存器进行操作，就可以轻松实现无线通信功能。CC2530 集成了增强型工业标准 8051 和 IEEE 802.15.4 RF 收发器，通过 TI 公司提供的 Z-Stack 协议栈实现 ZigBee 的无线通信功能。CC2530 有 4 种不同型号：CC2530F32、CC2530F64、CC2530F128 和 CC2530F256，它们分别具有 32KB、64KB、128KB 和 256KB 的 Flash 存储器。

3. 单片机编程语言简介

单片机和计算机使用的编程语言一样，分为机器语言、汇编语言和高级语言三大类。

（1）机器语言。

CPU 只能识别 0 和 1 这样的二进制代码，用二进制代码编写的程序称为机器语言程序，现在已经没有人使用机器语言对单片机进行编程了。

（2）汇编语言。

由于机器语言编程很不方便，所以可以使用一些有意义并且容易记忆的符号来表示不同的二进制代码指令，这些符号称为助记符，用助记符表示的指令称为汇编语言指令，用汇编语言编写出来的程序称为汇编语言程序。现在只有0.5KB及以下容量或者极少数不支持高级语言的单片机，才会使用汇编语言编程，除此之外很少人使用汇编语言编程。

（3）高级语言。

高级语言是依据数学语言设计的，使用高级语言编程时不用过多考虑单片机的内部结构，与汇编语言相比，高级语言易学易懂，而且通用性强。高级语言的种类很多，目前在51系列单片机中可以使用的高级语言有C（包括C++）、BASIC、FoxBASE和PL/M-96，以及近几年出现的MicroPython和Blockly。这几种高级语言中最主流就是C语言，特别是在只有0.5～2KB存储容量的单片机中，如果想用高级语言编程，C语言是唯一选择，在更大容量的单片机中，如果不是特殊要求或特殊应用，一般也使用C语言。

C语言与其他高级语言相比，其语言表现能力和操作处理能力更强，不仅具有丰富的运算符和数据类型，便于实现各类复杂的数据结构，可以直接访问物理内存，还能进行数据的位操作。C语言被广泛地移植到了各种类型的单片机和计算机上，形成了不同版本的C语言，应用于51系列单片机的C语言称为C51。由C51产生的目标代码短，运行速度高，存储空间小。

4. 单片机开发环境简介

51系列单片机常用的开发环境包括以下几种。

（1）IAR for 8051。

IAR是一款可支持绝大多数主流8位、16位和32位单片机的IDE（Integrated Development Environment，集成开发环境），具有界面简洁、操作方便、编译效率较高、支持丰富的第三方插件等特点。在IAR系列编译器中，IAR Embedded Workbench Evaluation for 8051（简称IAR for 8051）是一款针对51系列单片机的编译器，支持各种常见型号的51系列单片机。

（2）Keil C51。

Keil主要支持ARM和51两种结构的单片机，集成C编译器、宏汇编、连接器、库管理及功能强大的仿真调试器，使用向导生成启动代码，甚至完整的工程文件。Keil C51支持超过500种基于8051内核的单片机。

（3）SDCC。

SDCC的全称是Small Device C Compiler，是一款免费、开源、跨平台的C编译套件，但其编译环境是命令行模式，如果用不习惯，那么可以下载一个开源的MCU8051 IDE配合使用。

针对开发环境的选择，没有哪款开发环境是万能的，也没有哪款开发环境在所有方面都具有绝对优势。Keil 和 IAR 两款开发环境各有特色，各有所长，国内大多数的嵌入式开发工程师都使用其中之一或者两种都用。由于 Keil 和 IAR 为商业软件，需要购买软件使用许可，因此有些公司或工程师就使用免费的 SDCC。

CC2530 在某些应用场合需要使用 TI 公司提供的 Z-Stack 协议栈，只能使用 IAR for 8051 作为开发环境。本书只是将 CC2530 当作普通的 51 系列单片机使用，并没有使用到 ZigBee 或无线相关资源，也没有使用 Z-Stack 协议栈，故可以使用 Keil C51 和 SDCC 开发环境，但为了兼容后面 ZigBee 的学习，本书选择 IAR for 8051 作为开发环境。

任务实施

任务实施前需先准备好设备和资源，如表 1-1-1 所示。

表 1-1-1　任务 1 需准备的设备和资源

序号	设备/资源名称	数量	是否准备到位
1	计算机	1 台	
2	IAR Embedded Workbench Evaluation for 8051 安装包	1 份	

具体实施步骤如下。

1. 下载或找到安装包

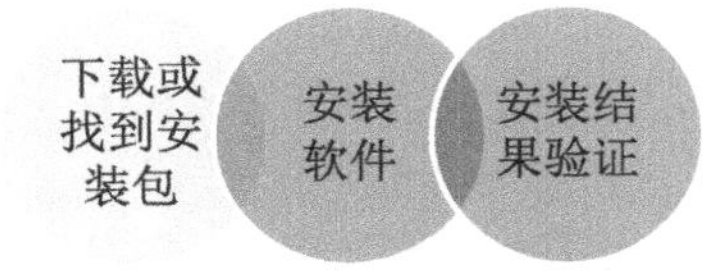

从 IAR 官网或本书配套资源中找到安装包。

2. 安装软件

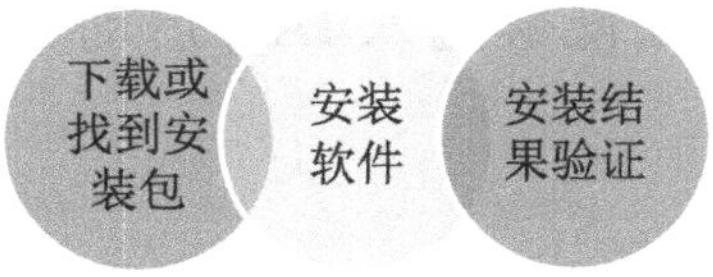

双击安装程序，进入安装向导界面，如图 1-1-4 所示，在界面中单击“Next>”按钮。打开安装说明界面，在界面中单击“Next>”按钮，后面的界面按默认设置，一直单击“Next>”按钮，直到进入输入用户名界面，具体步骤不在书中列出，若有需要请参阅本书配套资源。在输入用户名界面中，Company 非必填项，可以空着，Name（名字）和 License#（许可证号）为必填项，输入完成之后再次单击“Next>”按钮，如图 1-1-5 所示。

在输入许可证密钥界面输入许可证密钥（License Key），单击“Next>”按钮，如图 1-1-6 所示。后面的界面按默认设置，一直单击“Next>”按钮，直到出现安装完成界面，单击“Finish”按钮，如图 1-1-7 所示。

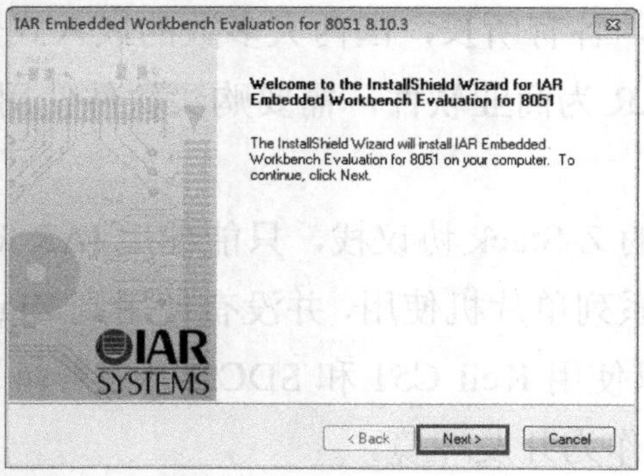

图 1-1-4　安装向导界面

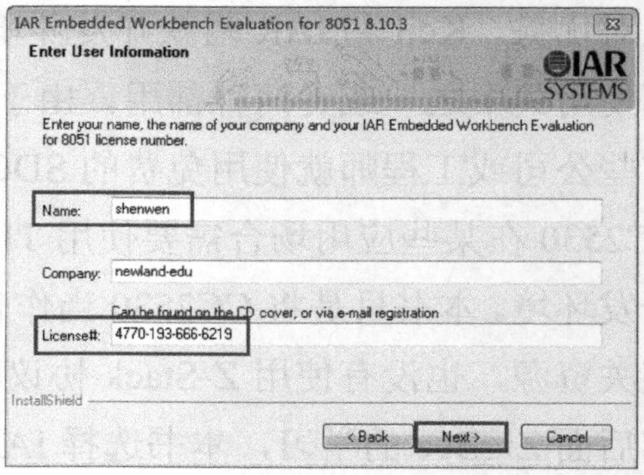

图 1-1-5　输入用户名界面

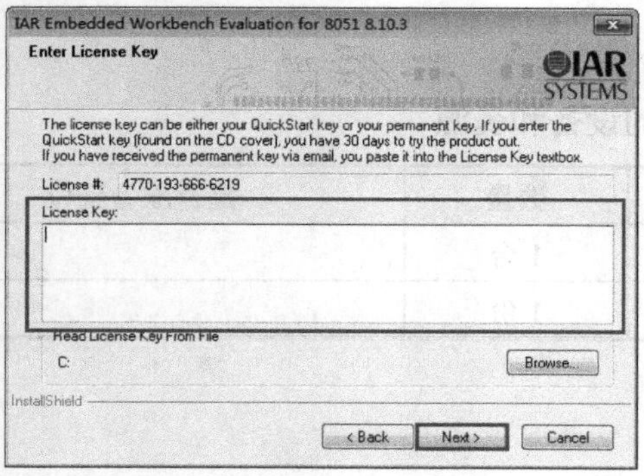

图 1-1-6　输入许可证密钥界面

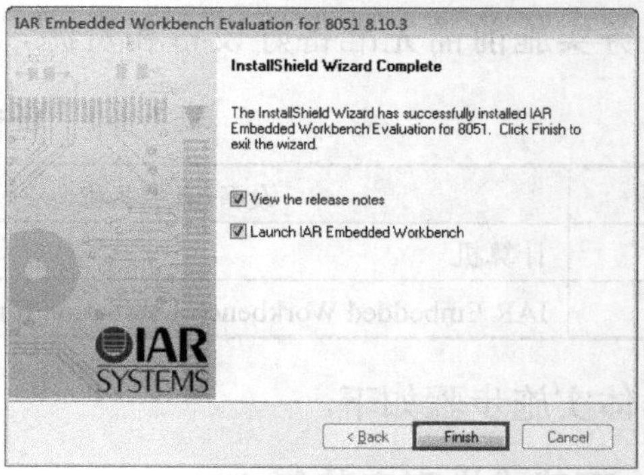

图 1-1-7　安装完成界面

3. 安装结果验证

运行安装好的 IAR 软件，如果能够进入 IAR 启动界面，说明安装成功。IAR 启动界面如图 1-1-8 所示。

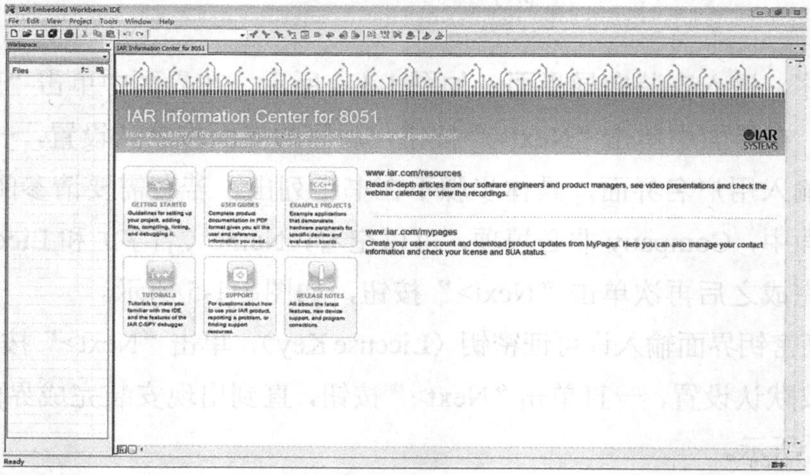

图 1-1-8　IAR 启动界面

任务工单

本任务的任务工单如表 1-1-2 所示。

表 1-1-2　任务 1 的任务工单

第 1 单元　搭建单片机 CC2530 IAR 开发环境	任务 1　安装 IAR 开发环境

（一）本任务关键知识引导

1．单片机的英文为“Single Chip Microcomputer”，英文简称（　　　　），国际上最终统一用（　　　　）命名，直译为（　　　　　　　）。

2．同计算机系统一样，单片机应用系统也是由硬件和（　　　　）组成的。

3．ZigBee 模块包含了（　　　　　　　）、（　　　　）、（　　　　）、按键和 PCB。

4．单片机中使用的嵌入式操作系统可以分为两大类：一类是面向控制、通信等领域的（　　　　　　　）；另一类是面向消费电子产品的（　　　　　　）。

5．单片机按用途可分为专用型和通用型单片机，遥控器中的单片机属于（　　　　），CC2530 属于（　　　　）。

6．单片机按内部总线的位数可分为 4 位、（　　）位、（　　）位、（　　）位和 64 位单片机。

7．CC2530 有 4 种不同型号：CC2530F32、CC2530F64、CC2530F128 和（　　　　　　　），它们分别具有 32KB、64KB、128KB 和（　　　　）的 Flash 存储器。

8．目前在 51 系列单片机中可以使用的高级语言有很多种，其中最主流的是（　　　　），其可以直接访问（　　　　），还能进行（　　　　）操作。

9．IAR Embedded Workbench Evaluation for 8051 简称为（　　　　　　），是一款针对 51 系列单片机的编译器，本书使用该编译器开发（　　　　）单片机。

（二）任务检查与评价

序号	评价内容	评价标准	分值	得分
评价方式		可采用自评、互评、教师评价等方式		
说明		主要评价学生在学习过程中的操作技能、理论知识、学习态度、课堂表现、学习能力等		
1	知识运用（20%）	掌握相关理论知识，正确完成本任务关键知识的作答（20 分）	20 分	
2	专业技能（40%）	安装 IAR 软件，软件启动界面正常（40 分）	40 分	
		安装 IAR 软件，软件启动界面异常（30 分）		
		找到 IAR 安装包，但没有安装，或者安装过程中异常退出（20 分）		
		没有找到 IAR 安装包（10 分）		
		计算机没有开机，或者不知道如何找安装包（0 分）		
3	核心素养（20%）	具有良好的自主学习、分析解决问题、帮助他人的能力，任务过程中有指导他人并解决他人问题的行为（20 分）	20 分	
		具有较好的学习能力和分析解决问题的能力，任务过程中无指导他人的行为（15 分）		
		具有主动学习并收集信息的能力，遇到问题能请教他人并得以解决（10 分）		
		不主动学习（0 分）		
4	职业素养（20%）	实验完成后，设备无损坏且摆放整齐，工位区域内保持整洁，无干扰课堂秩序的行为（20 分）	20 分	
		实验完成后，设备无损坏，无干扰课堂秩序的行为（15 分）		
		无干扰课堂秩序的行为（10 分）		
		干扰课堂秩序（0 分）		
总得分				

任务小结

安装 IAR 开发环境的思维导图如图 1-1-9 所示。

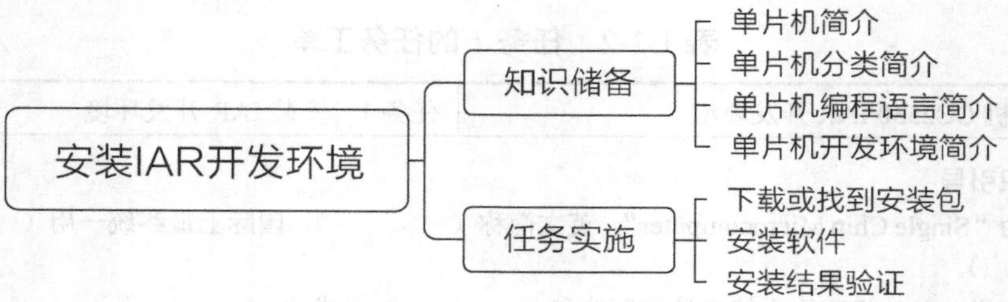

图 1-1-9　安装 IAR 开发环境的思维导图

知识与技能提升

动动脑

单片机和计算机都是由软、硬件组成的，网上搜一搜，找一找两者的异同点。

动动手

请自行安装仿真器硬件驱动和程序下载工具软件 SmartRF Flash Programmer，可以参考本书配套资源。

延伸阅读

1. ARM 类型的单片机说明

ARM 类型的单片机与 51 系列单片机类似，并不是指某个型号的单片机，而是兼容 ARM 指令集的单片机的统称。ARM 准确来讲是一种处理器的 IP 核（半导体知识产权），ARM 公司开发出处理器结构后向其他芯片厂商授权制造，芯片厂商可以根据自己的需要进行结构与功能的调整，因此各大主流的单片机供应商都有基于 ARM 内核的单片机。

在嵌入式 CPU 的 IP 授权领域，ARM 公司占据绝对领先地位。据 ARM 公司官网数据显示，截至 2020 年底，ARM 芯片历年来累计生产总数量超过 1900 亿颗，2020 年第 4 季度芯片出货量达到了创纪录的 67 亿颗，超越了 x86、ARC、Power 和 MIPS 等其他架构芯片出货量的总和，我国市场的出货量占了总出货量的一半以上。2020 年我国设计的 SoC（System on a Chip，片上系统）95%都是基于 ARM 内核的。

有部分厂商将 ARM 内核与 RAM、ROM 和 GPIO 等集成在一个芯片中，这类 ARM 内核的芯片属于单片机，如 ST 公司的 STM32 系列和兆易创新的 GD32 系列；还有部分 ARM 内核嵌入其他专用芯片中作为 CPU 使用，如手机产品中的华为麒麟 9000（ARM V8a）、高通骁龙 888（ARM V9）和苹果 A15（ARM V9）等，这些芯片在使用时需要外接 RAM 和 ROM，更接近处理器的范畴，因此不被认为是单片机。

2. 集成电路的封装分类

集成电路的分类方法大致有以下 5 种，前 3 种属于一级封装的范畴，涉及裸芯片及其电极和引线的封装或封接，后 2 种属于二级封装的范畴，对 PCB 的设计有影响。

（1）按芯片的装载方式分类。

裸芯片在装载时，有电极的一面可以朝上，也可以朝下，因此芯片就有正装片和倒装片之分，布线面朝上为正装片，反之为倒装片。

（2）按芯片的基板类型分类。

基板的作用是搭载和固定裸芯片，同时兼有绝缘、导热、隔离及保护作用，它是芯片内、外电路连接的桥梁。从材料上看，基板有有机和无机之分；从结构上看，基板有单层的、双层的、多层的和复合的。

（3）按芯片的封接或封装方式分类。

裸芯片及其电极和引线的封装或封接方式可以分为两类，即气密性封装和树脂封装。气密性封装根据封装材料的不同，又可分为金属封装、陶瓷封装和玻璃封装三种类型。

（4）按芯片的封装材料分类。

按芯片的封装材料不同，集成电路可分为金属封装、陶瓷封装、金属-陶瓷封装、塑料封装。塑料的可塑性强，成本低廉，工艺简单，适合大批量生产，目前使用的单片机几乎都是塑料封装的。

（5）按芯片的外形和结构分类。

按芯片的外形和结构分类，集成电路大致有 DIP、ZIP、SIP、PGA、SOP、QFP、QFN、SOJ 和 BGA 等，其中前 4 种属于引脚插入型，后 5 种属于表面贴装型，如图 1-1-10 所示。

（a）DIP　（b）ZIP　（c）SIP

（d）PGA　（e）SOP　（f）QFP

图 1-1-10　芯片的外形和结构示意图

（g）QFN　　（h）SOJ　　（i）BGA

图 1-1-10　芯片的外形和结构示意图（续）

3. 超级计算机

超级计算机具有很强的计算和处理数据的能力，主要表现为高速度和大容量，配有多种外部和外围设备及丰富的高功能软件系统。根据处理器的不同，可以把超级计算机分为两类：采用专用处理器和采用兼容处理器的超级计算机。前者可以高效地处理同一类型问题，多用于天体物理学、密码破译等领域，“国际象棋高手”深蓝就属于这类超级计算机；而后者则可一机多用，使用范围比较广，主要应用于互联网/机器学习、科学计算、工程计算和信息服务领域，如军事、医药、气象、金融、能源、环境和制造业等。

2009 年，国防科技大学成功研制出峰值性能为每秒 1.206 千万亿次的“天河一号”超级计算机，我国成为继美国之后第二个能够独立研制千万亿次超级计算机的国家。2016 年的神威“太湖之光”超级计算机标志着我国进入超算领域的世界领先地位，该系统全部使用具有自主知识产权的处理器芯片，连续四届获得超算全球冠军，截至 2021 年 1 月，在全球超级计算机中排名第四。

任务 2　建立与配置 IAR 工程

任务要求与任务分析

任务要求：

能够独立新建和正确配置 IAR 工程。

任务分析：

学习如何新建工程、配置工程及将工程编译生成 HEX 文件。

建议带着以下问题进行本任务的学习和实践。

- IAR 软件中工作区和工程的区别是什么？
- 什么叫编译器和编译？
- 什么叫链接？

- SmartRF Flash Programmer 需要什么格式的烧写文件？
- 如何保存一个新工程？
- 如何向工程中添加一个“.c”类型源文件？
- 如何配置生成 HEX 文件的环境？
- 如何操作才能编译和生成 HEX 文件？

知识储备

1. IAR 软件界面

IAR 软件界面如图 1-2-1 所示。

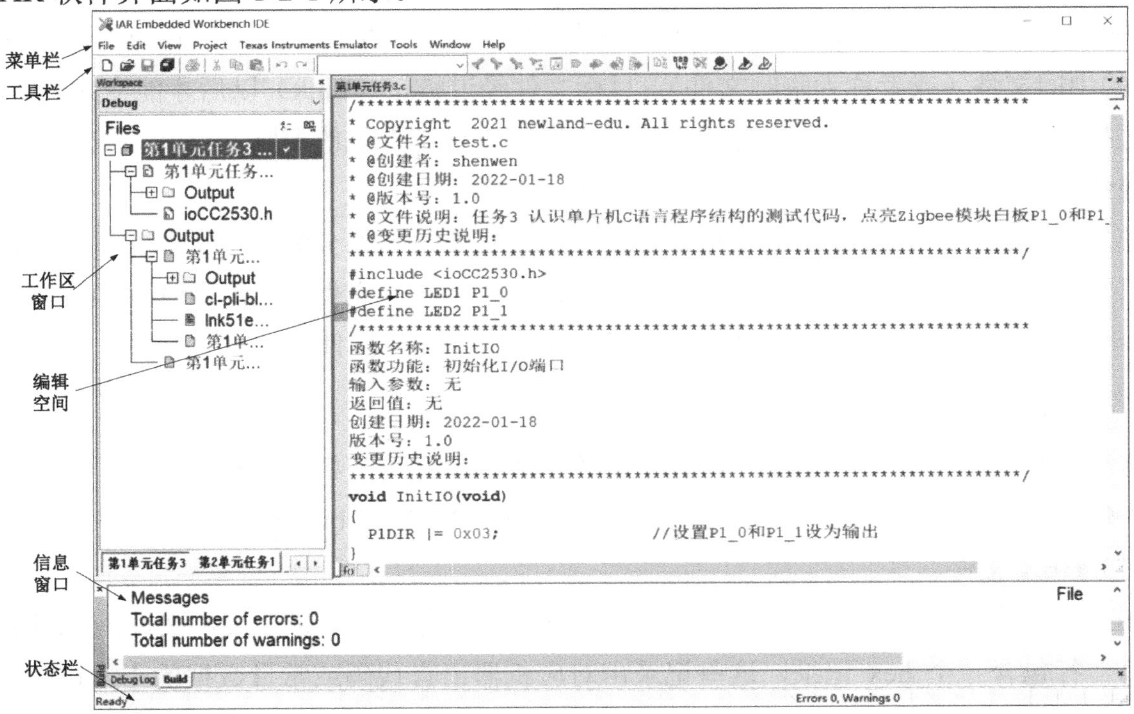

图 1-2-1　IAR 软件界面

菜单栏：包含 IAR 软件所有的操作及内容，在编辑模式和调试模式下，菜单栏里的内容是不一样的。

工具栏：包括一些常见的快捷按钮。

工作区窗口：显示工作区下面工程项目的内容。

编辑空间：代码编辑区域。

信息窗口：包含编译信息、调试信息、查找信息等。

状态栏：包含错误、警告、光标行列等状态信息。

2. 工作区和工程

在 IAR 软件中有工作区和工程，一个工作区可以包含多个工程，工作区就是为了管理多个工程而设计的。例如，要开发一款产品，该产品中使用多个单片机，每个单片机的功能不一样，可以利用工作区和工程概念，为每个单片机建立一个工程，再把全部的工程都放到同一个工作区（项目）中，方便管理和维护。当然，也可以为每个单片机的工程分别建立工作区，这样做相对缺乏工程之间的整体联系。编译程序时，仍是针对工程或工程中的某个修改过的文件进行编译、链接，与工作区无关。

3. 编译和链接

C 语言代码由固定的词汇按照固定的格式组织起来，简单直观，程序员容易识别和理解，但是 CPU 只识别二进制形式的指令，这就需要一个工具，将 C 语言代码转换成二进制指令，这个过程称为编译（Compile），完成编译的软件称为编译器（Compiler）。

C 语言代码经过编译以后，并没有生成最终的文件，而是生成了一种叫作目标文件（Object File）的中间文件（或者称为临时文件），目标文件经过链接（Link）以后才能变成最终文件。因此链接其实就是一个“打包”的过程，它将所有二进制形式的目标文件和系统组件组合成一个最终文件，完成链接的软件称为链接器（Linker）。

随着学习的深入，编写的代码越来越多，最终需要将它们分散到多个源文件中，编译器每次只能编译一个源文件，生成一个目标文件，有多少个源文件就需要编译多少次，同时生成多少个目标文件，链接器负责将这些目标文件组合为最终文件。

4. 单片机烧写文件

将编译和链接生成的最终文件通过一定的方式下载到单片机中，称为烧写，这个最终文件称为烧写文件。51 系列单片机常用的烧写文件只有 HEX 和 bin 两种类型。

（1）HEX 文件。

HEX 文件是由一行行符合 HEX 文件格式的文本所构成的 ASCII 文本文件。在 HEX 文件中，每一行包含一个 hex 记录，这些记录由对应机器语言代码或常量数据的十六进制编码数字组成，通常用于传输将被存于 ROM 或者 EPROM 中的程序和数据。

由于 HEX 文件最大只能为 64KB，为了可以保存高地址的数据，就有了 Extended Linear Address Record 格式，也称为 intel-extended 格式，CC2530 程序下载工具软件 SmartRF Flash Programmer 只支持 intel-extended 格式的 HEX 文件。

（2）bin 文件。

bin 文件就是直接的二进制文件，内部没有地址标记。有很多软件都使用 bin 文件，在 51 系列单片机中，部分下载软件或烧写器也可以使用 bin 文件作为烧写文件，从 0x00 地址开始烧写。

任务实施

任务实施前必须先准备好设备和资源，如表 1-2-1 所示。

表 1-2-1　任务 2 需准备的设备和资源

序号	设备/资源名称	数量	是否准备到位
1	计算机（已安装好 IAR 软件）	1 台	

具体实施步骤如下。

1. 创建工程

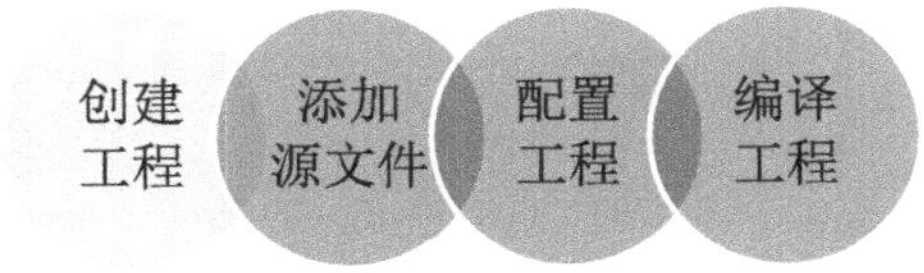

打开 IAR 软件，启动界面如图 1-1-8 所示。

使用 IAR 开发环境应先建立一个新的工作区，打开 IAR 软件时已自动建好了一个新工作区，也可以选择“File”→“New”→“Workspace”菜单命令，创建新的工作区。

向当前工作区添加新的工程，选择“Project”→“Create New Project”菜单命令，弹出“Create New Project”（建立新工程）对话框，选择默认设置，单击“OK”按钮，如图 1-2-2 所示。

根据需要选择工程保存的位置，更改工程名，如 IOtest，单击“保存（S）”按钮，如图 1-2-3 所示。

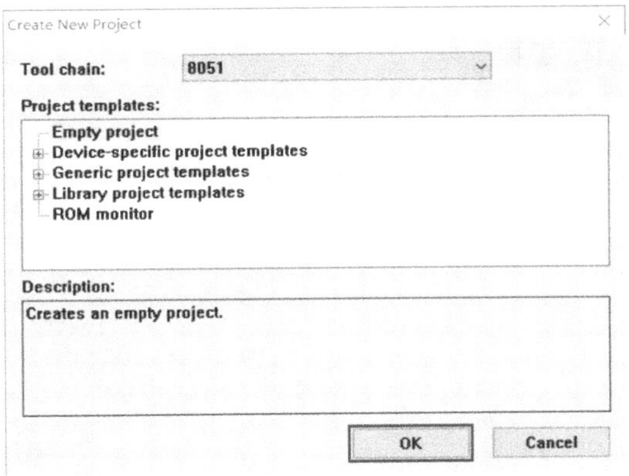

图 1-2-2　“Create New Project”对话框

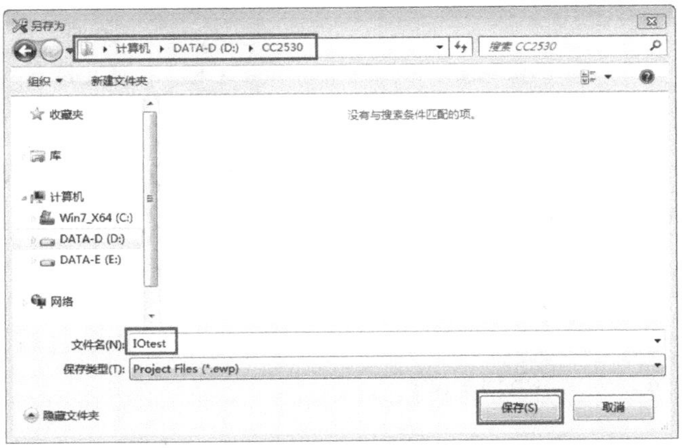

图 1-2-3　保存新工程

这样工程就出现在工作区窗口中，如图 1-2-4 所示。

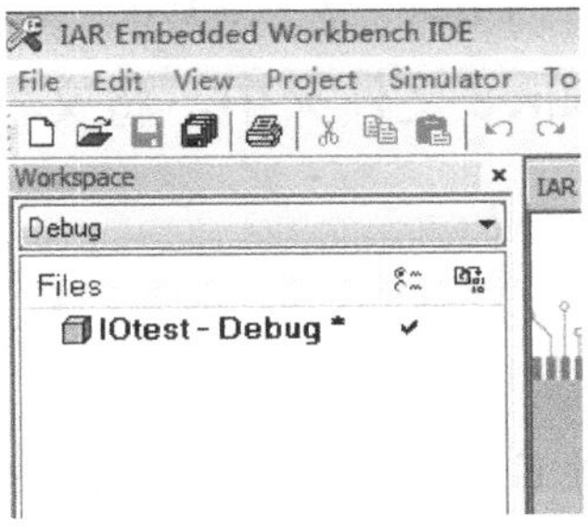

图 1-2-4　工作区窗口中的新工程

项目名称后的“*”说明还没有保存，可单击工具栏中的图标或保存，也可以选择“File”→“Save”→“Workspace”菜单命令，在弹出的“Save Workspace As”对话框中输入一个合适的文件名，如 works，将其放至新建的工作区目录下，并单击“保存（S）”按钮，如图 1-2-5 所示。

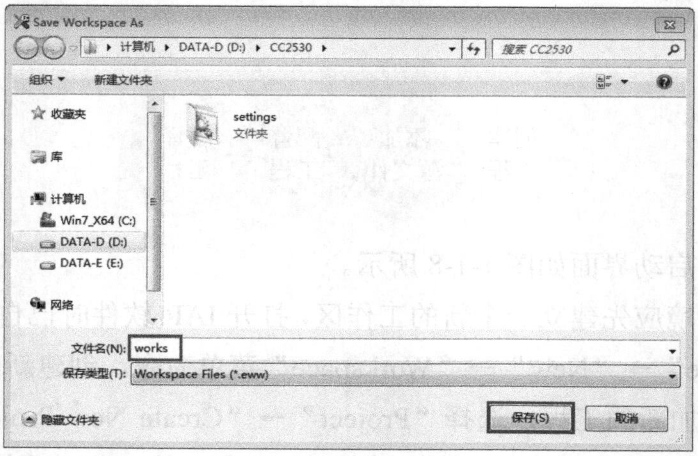

图 1-2-5　保存工作区

2. **添加源文件**

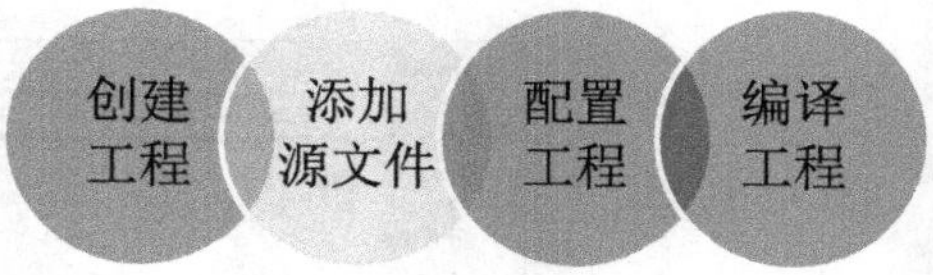

单击工具栏中的图标或选择“File”→“New”→“File”菜单命令，新建一个空文件，在文件中添加以下代码：

```
#include <ioCC2530.h>
void main(void)
{
    while(1)
    {
        ;
    }
}
```

单击工具栏中的图标或选择“File”→“Save”菜单命令，弹出“另存为”对话框，新建一个 source 文件夹并进入到 source 文件夹中，将文件命名为 test，单击“保存（S）”按钮，如图 1-2-6 所示。

温馨提示

新建 source 文件夹只是为了将自编源文件放在同一个文件夹中，从而能够有效地和系统文件进行区分，不是必须的。

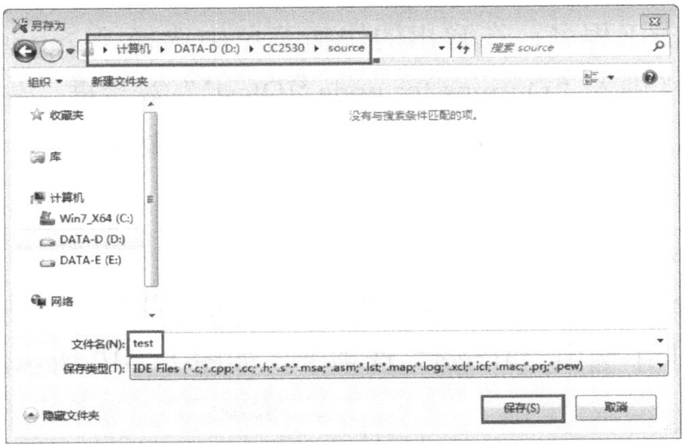

图 1-2-6　“另存为”对话框

源文件保存好之后，需要把“test.c”文件添加到工程中，选择“Project”→“Add File”菜单命令或在工作区窗口中，右击工程名，在弹出的快捷菜单中选择“Add Files”选项，弹出“Add Files-IOtest”对话框，选中“test.c”文件，单击“打开（O）”按钮，如图 1-2-7 所示。

操作完成后就把源文件添加到工程中了，在工作区窗口中可以看到图 1-2-8 所示的内容。

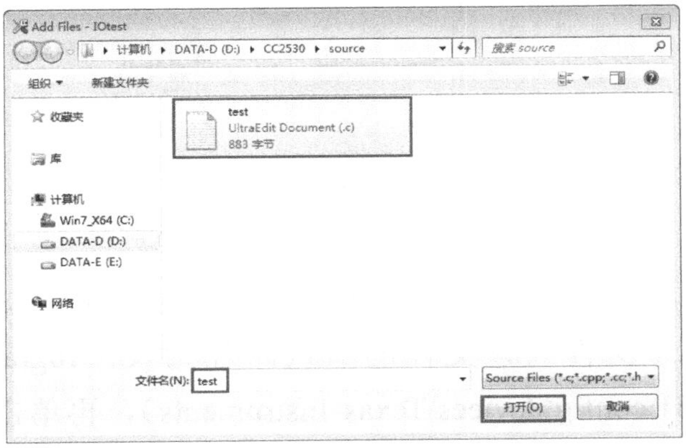

图 1-2-7　添加源文件

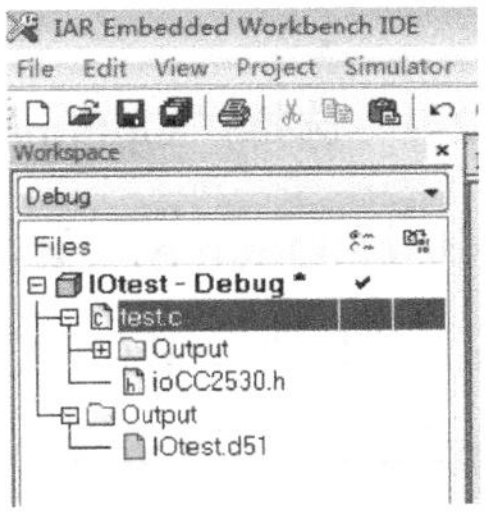

图 1-2-8　添加源文件后的工作区窗口

温馨提示

如果已经有现成的源文件，可以选择“Project”→“Add Files”菜单命令或在工作区窗口中右击工程名，在弹出的快捷菜单中选择“Add Files”选项，弹出“Add Files-IOtest”对话框，选中需要的文件，单击“打开（O）”按钮，就可以将以前编辑好的源文件添加到工程中。通常将同一工程的源文件都放在 source 文件夹下，同时也将 source 文件夹放在工作区目录下。

3. 配置工程

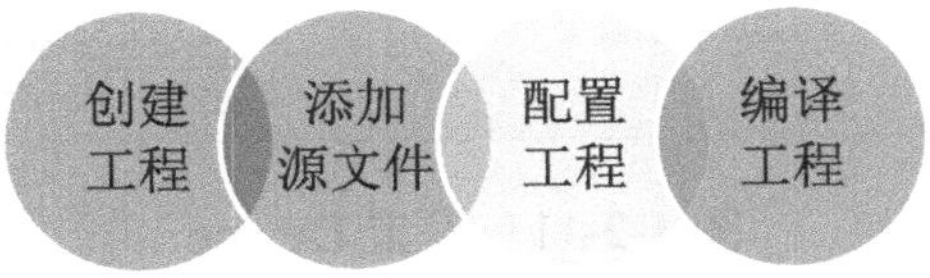

在工作区窗口中右击工程名，在弹出的快捷菜单中选择“Options…”选项，如图 1-2-9 所示。也可以利用菜单栏进入“Options for node ‘IOtest’”对话框，先在工作区窗口中单击工程名，工程名变为蓝色，再选择“Project”→“Options”菜单命令，进入“Options for node ‘IOtest’”对话框。

（1）General Options 配置。

在“Options for node ‘IOtest’”对话框左侧的“Gategory”列表框中选择“General Options”选项，并在右侧的选项卡中选中“Target”选项卡，如图 1-2-10 所示。

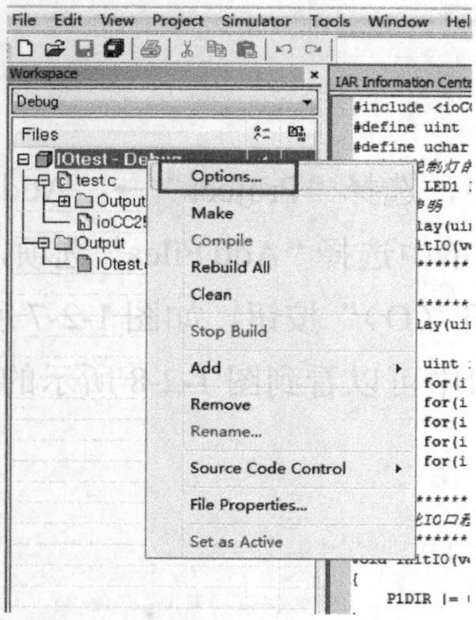

图 1-2-9　选择“Options…”选项

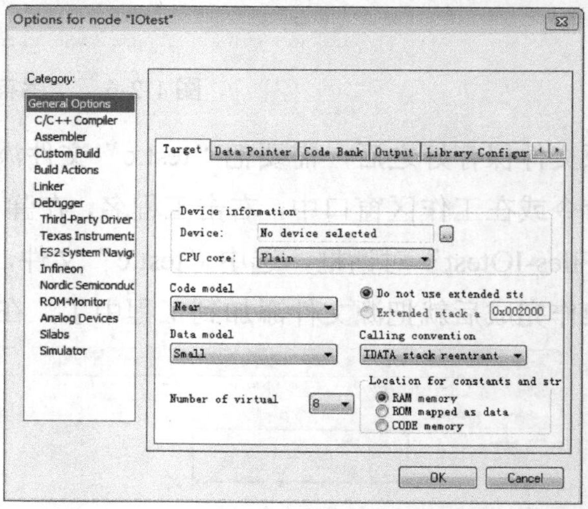

图 1-2-10　General Options 配置

首先设置 Device，单击“Device”文本框后面的图标，在“打开”对话框中选择 Texas Instruments 目录下的“CC2530F256.i51”文件（该文件的默认路径为 C:\Program Files\IARSystems\Embedded Workbench 6.0\8051\config\devices\Texas Instruments)，再单击“打开（O）”按钮，如图 1-2-11 所示。

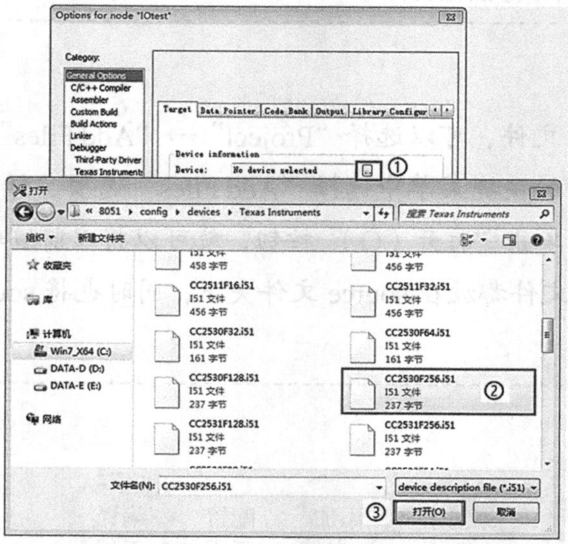

图 1-2-11　设置 Device

温馨提示

这是提示编译器使用的单片机型号为 CC2530F256，即选择的文件应与板上单片机的型号一致。

其余的选项均保持默认，单击“OK”按钮，如图 1-2-12 所示。

然后配置“Stack/Heap”选项卡，在“XDATA”文本框内输入“0x1FF”，如图 1-2-13 所示。

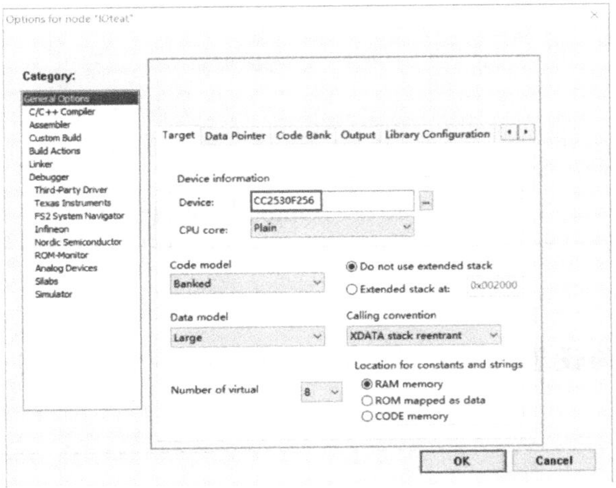

图 1-2-12　配置完成的“Target”选项卡

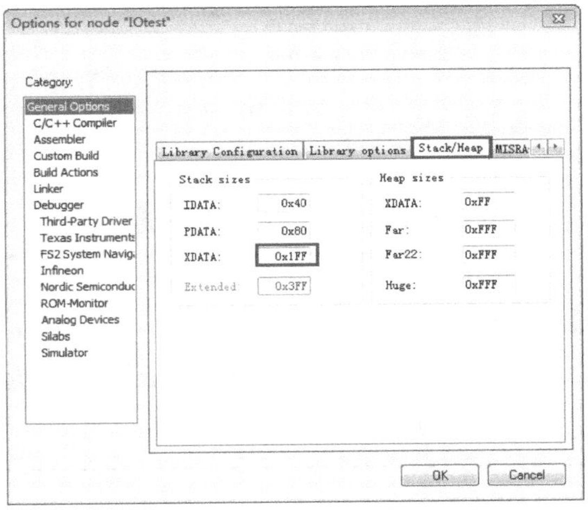

图 1-2-13　配置“Stack/Heap”选项卡

本书修改“XDATA”文本框的值为 0x1FF 是为了符合 TI 公司提供的 Z-Stack 协议栈要求。由于本书并没有使用 Z-Stack 协议栈，涉及的任务也很简单，所以本书中“XDATA”文本框的值为默认的 0xEFF 也是可以正常使用的，但为了与以后学习 ZigBee 设置方式一致，因此将“XDATA”文本框的值改为 0x1FF。

（2）Linker 配置。

在“Options for node ‘IOtest’”对话框左侧的“Gategory”列表框中选择“Linker”选项，并在右侧的选项卡中选中“Config”选项卡，在“Linker configuration file”选区中勾选“Override default”复选框，提示编译器用下面指定的链接器命令文件替代编译器默认的链接器命令文件；单击下面文本框右侧的图标，选择 Texas Instruments 目录下的“lnk51ew_CC2530F256_banked.xcl”文件，该文件的默认路径为$TOOLKIT_DIR$\config\devices\Texas Instruments\lnk51ew_CC2530F256_banked.xcl，文件名后面的 banked 表示使用 Code modle 类型的 Banked 模式，单击“打开（O）”按钮，如图 1-2-14 所示。

在“Output”选项卡中，勾选“Allow C-SPY-specific extra output file”复选框，允许生成额外的文件（注：文件名和文件格式由“Extra Output”选项卡指定），如图 1-2-15 所示。

在“Extra Output”选项卡中，勾选“Generate extra output file”复选框，提示编译器要生成额外的文件；勾选“Override default”复选框，提示编译器用下面指定的文件名替代编译器默认的文件名，文件名要从“IOtest.sim”更改为“IOtest.hex”；在“Output format”下拉列表中选择“intel-extended”选项，即生成文件的格式指定为 hex 格式。设置完成后如图 1-2-16 所示。

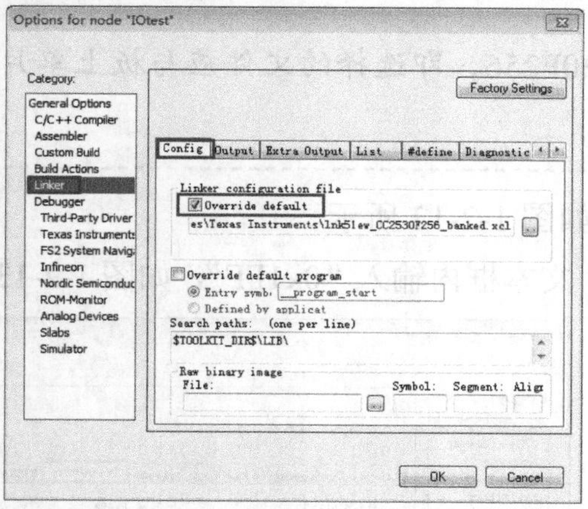

图 1-2-14 “Config”选项卡

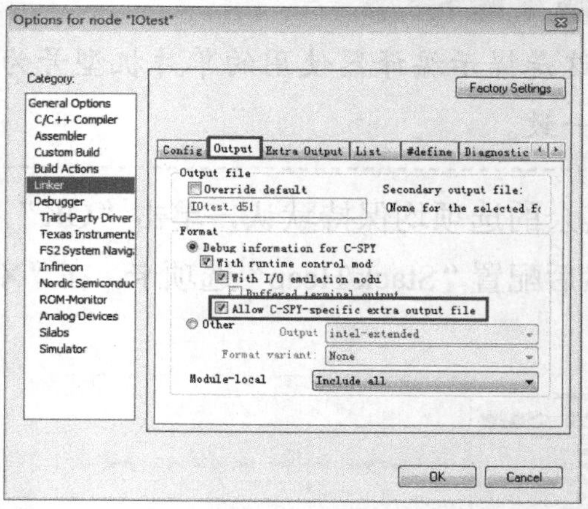

图 1-2-15 “Output”选项卡

> **温馨提示**
>
> “Output”和“Extra Output”两个选项卡的设置目的是生成下载工具软件需要使用的 HEX 文件（烧写文件）。

（3）Debugger 配置。

在“Options for node ‘IOtest’”对话框左侧的“Gategory”列表框中选择“Debugger”选项，并在右侧的选项卡中选择“Setup”选项卡，在“Driver”下拉列表中选择“Texas Instruments”选项，如图 1-2-17 所示。

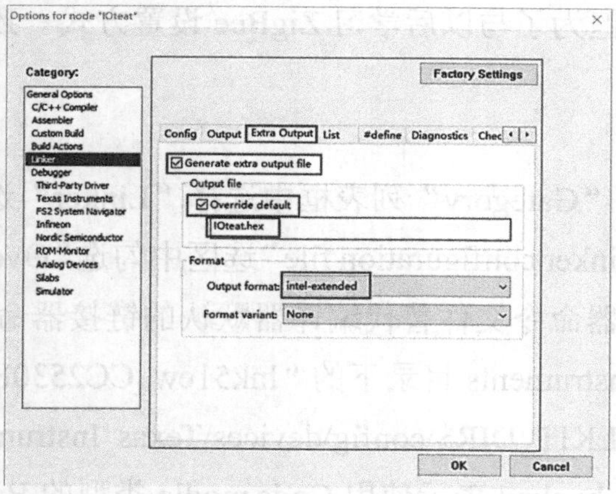

图 1-2-16 “Extra Output”选项卡

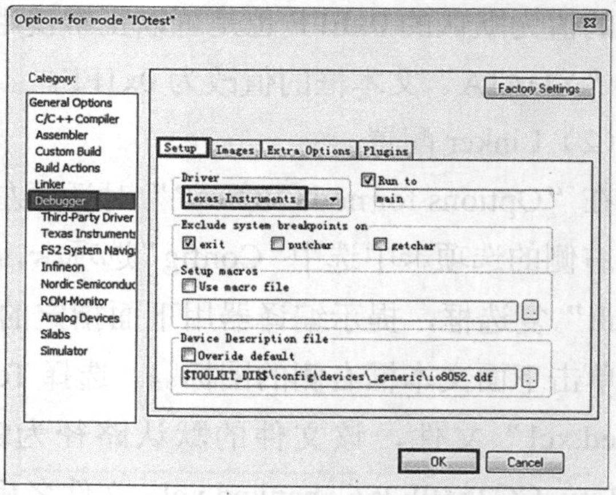

图 1-2-17 “Setup”选项卡

以上设置完成后，单击“OK”按钮保存设置。

> **温馨提示**
>
> 如果没有硬件 Texas Instruments，那么可以在“Driver”下拉列表中选择“Simulator”选项，即软件仿真。

4. 编译工程

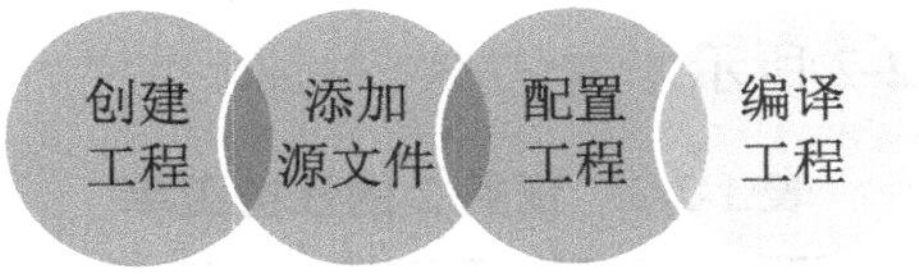

工程配置或修改完成之后，需要先编译，再链接，或者全部重建，具体操作如下。

（1）编译和链接。

选择“Project”→“Make”菜单命令，或单击工具栏中的图标，或按 F7 编译键链接工程，完成编译和链接。

（2）全部重建。

先右击项目名称，然后在弹出的快捷菜单中选择“Rebuild All”选项，如图 1-2-18 所示。

图标［编译当前文件（Compile）］与图标［编译工程（Make）］是有区别的，仅用于编译当前已经修改的源文件，而用于编译整个工程中自上次编译之后有修改的源文件。一般情况下为了防止出错，建议只使用、“Project”→“Make”菜单命令，或 F7 编译键。“Rebuild All”选项不管源文件有没有被修改都重新编译和链接。正常情况下，通过和“Rebuild All”选项两种方式最后得到的烧写文件是相同的。

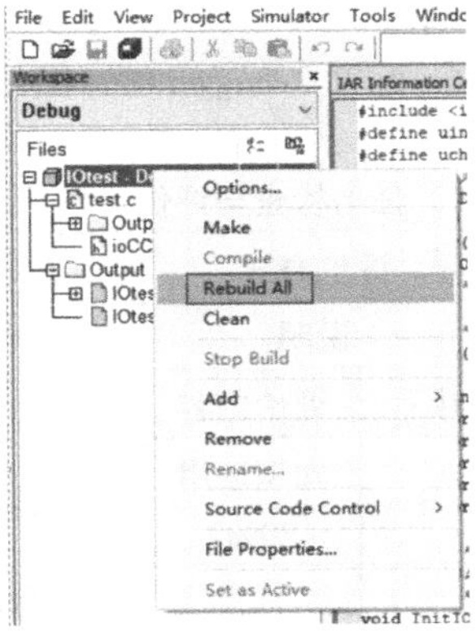

图 1-2-18　全部重建

如果没有错误，可以在信息窗口看到编译成功的提示信息，如图 1-2-19 所示。由于本任务代码只有一个“test.c”文件，所以提示信息中说明只编译和链接“test.c”文件。最后两行是错误（errors）和警告（warnings）的数量。错误通常有内部编译错误、语法错误和命令行错误等，编译时不允许有错误存在，必须修改到错误数量为 0；警告则只是编译器认为可能有错误，警告在大多数情况下不会影响结果，即生成的代码功能是正常的。对于初学者，建议认真查找原因并修改，直到警告数量为 0。

编译通过后，在当前目标下的 Debug>Exe 文件夹中可以找到编译生成的 HEX 文件，如图 1-2-20 所示。

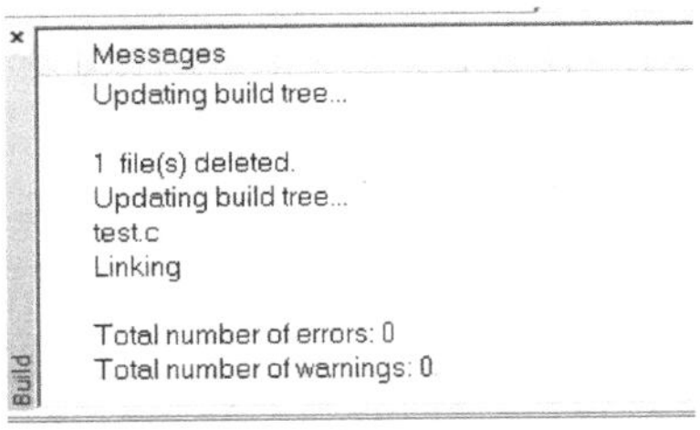

图 1-2-19　信息窗口中的提示信息

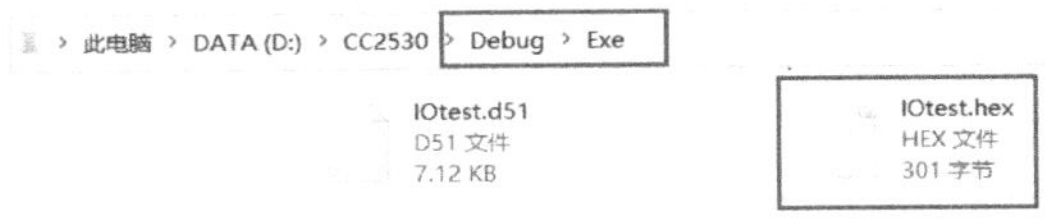

图 1-2-20　生成的 HEX 文件

任务工单

本任务的任务工单如表 1-2-2 所示。

表 1-2-2　任务 2 的任务工单

第 1 单元　搭建单片机 CC2530 IAR 开发环境	任务 2　建立与配置 IAR 工程

（一）本任务关键知识引导

1．IAR 软件界面包括菜单栏、（　　　　）、（　　　　）、（　　　　）、（　　　　）和状态栏。

2．在 IAR 软件中有工作区和工程，一个工作区可以包含多个（　　）。

3．HEX 文件是由一行行符合 HEX 文件格式的（　　　　）所构成的 ASCII（　　　　）。

4．51 系列单片机常用的烧写文件只有 HEX 和 bin 两种类型，CC2530 程序下载工具软件 SmartRF Flash Programmer 只支持 intel-extended 格式的（　　　　）文件。

5．利用菜单栏进入“Options for node ‘IOtest’”对话框，先在工作区窗口中单击工程名，工程名变为蓝色，再选择“Project”→（　　　　）菜单命令。

6．配置 Debugger 时，在右侧的选项卡中选中“Setup”选项卡，在（　　　　）下拉列表中选择“Texas Instruments”选项。

（二）任务检查与评价

<table>
<tr><td colspan="2">评价方式</td><td colspan="3">可采用自评、互评、教师评价等方式</td></tr>
<tr><td colspan="2">说明</td><td colspan="3">主要评价学生在学习过程中的操作技能、理论知识、学习态度、课堂表现、学习能力等</td></tr>
<tr><td>序号</td><td>评价内容</td><td>评价标准</td><td>分值</td><td>得分</td></tr>
<tr><td>1</td><td>知识运用（20%）</td><td>掌握相关理论知识，正确完成本任务关键知识的作答（20 分）</td><td>20 分</td><td></td></tr>
<tr><td rowspan="4">2</td><td rowspan="4">专业技能（40%）</td><td>工程编译通过，生成 HEX 文件（40 分）</td><td rowspan="4">40 分</td><td rowspan="4"></td></tr>
<tr><td>工程编译通过，没有生成 HEX 文件（30 分）</td></tr>
<tr><td>按步骤对工程进行配置，但编译没有通过（20 分）</td></tr>
<tr><td>创建工程错误或没有对工程进行配置（5 分）</td></tr>
<tr><td rowspan="4">3</td><td rowspan="4">核心素养（20%）</td><td>具有良好的自主学习、分析解决问题、帮助他人的能力，任务过程中有指导他人并解决他人问题的行为（20 分）</td><td rowspan="4">20 分</td><td rowspan="4"></td></tr>
<tr><td>具有较好的学习能力和分析解决问题的能力，任务过程中无指导他人的行为（15 分）</td></tr>
<tr><td>具有主动学习并收集信息的能力，遇到问题能请教他人并得以解决（10 分）</td></tr>
<tr><td>不主动学习（0 分）</td></tr>
<tr><td rowspan="4">4</td><td rowspan="4">职业素养（20%）</td><td>实验完成后，设备无损坏且摆放整齐，工位区域内保持整洁，无干扰课堂秩序的行为（20 分）</td><td rowspan="4">20 分</td><td rowspan="4"></td></tr>
<tr><td>实验完成后，设备无损坏，无干扰课堂秩序的行为（15 分）</td></tr>
<tr><td>无干扰课堂秩序的行为（10 分）</td></tr>
<tr><td>干扰课堂秩序（0 分）</td></tr>
<tr><td colspan="4">总得分</td><td></td></tr>
</table>

任务小结

建立与配置 IAR 工程的思维导图如图 1-2-21 所示。

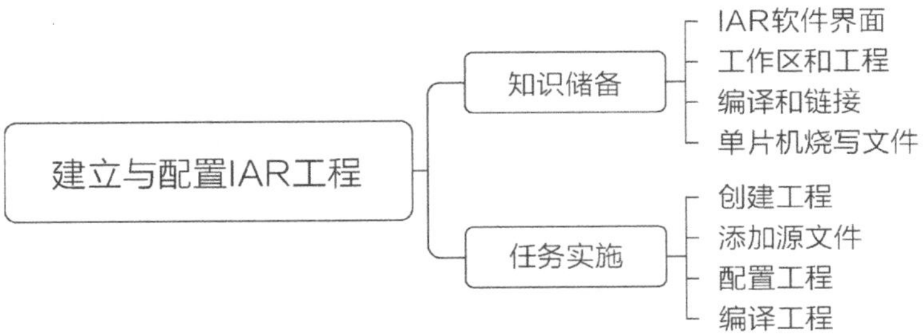

图 1-2-21　建立与配置 IAR 工程的思维导图

知识与技能提升

动动脑

什么情况下可以打开和关闭调试工具栏？

动动手

先在工作区窗口中单击工程名，工程名变为蓝色，再选择“Project”→“Options”菜单命令进入“Option for node ‘IOtest’”对话框；先在工作区窗口中单击“test.c”文件，再选择“Project”→“Options”菜单命令也可以进入“Option for node ‘IOtest’”对话框，对比一下两次打开的对话框有什么不同，思考一下为什么会这样。

试着将编写好的“.c”源文件换个名称，再按图 1-2-6 和图 1-2-7 中的操作将文件添加到工程中。

在“Debugger”选项对应的“Setup”选项卡的“Driver”下拉列表中试着选择“Simulator”选项，编译之后仿真一下，分析一下与使用硬件 Texas Instruments 的区别。

延伸阅读

1. IAR 软件工具栏简要说明

IAR 软件的 Toolbars 工具栏共有两个：主工具栏 Main 和调试工具栏 Debug。

主工具栏可以通过选择“View”→“Toolbars”→“Main”菜单命令打开，如图 1-2-22 所示。

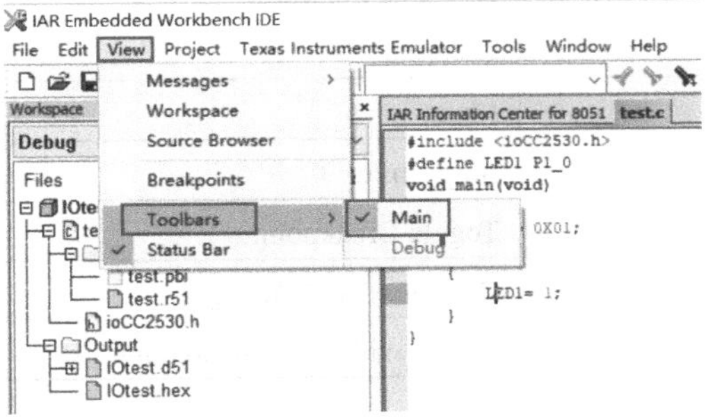

图 1-2-22　打开主工具栏

（1）主工具栏。

在默认的编辑状态下，只有主工具栏，主工具栏中的按钮及功能说明如图 1-2-23 所示。

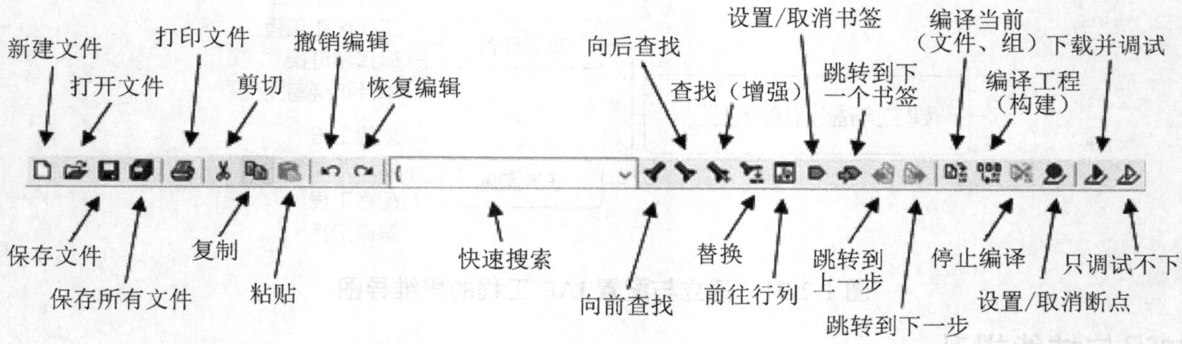

图 1-2-23　主工具栏中的按钮及功能说明

主工具栏按钮的中、英文名称及快捷命令如表 1-2-3 所示。

表 1-2-3　主工具栏按钮的中、英文名称及快捷命令

序号	按钮中文名称	按钮英文名称	快捷命令（快捷键）
1	新建文件	New Document	Ctrl + N
2	打开文件	Open	Ctrl + O
3	保存文件	Save	Ctrl + S
4	保存所有文件	Save All	
5	打印文件	Print	Ctrl + P
6	剪切	Cut	Ctrl + X
7	复制	Copy	Ctrl + C
8	向前查找	Find Previous	Shift + F3
9	向后查找	Find Next	F3
10	查找（增强）	Find	Ctrl + F
11	替换	Replace	Ctrl + H
12	前往行列	Go to	Ctrl + G
13	设置/取消书签	Toggle Bookmark	Ctrl + F2
14	跳转到下一个书签	Next Bookmark	F2
15	跳转到上一步	Navigate Backward	Alt + 左箭头
16	跳转到下一步	Navigate Forward	Alt + 右箭头
17	编译当前（文件、组）	Compile	Ctrl + F7
18	编译工程（构建）	Make	F7
19	停止编译	Stop Build	Ctrl + Break
20	设置/取消断点	Toggle Breakpoint	Ctrl + F9
21	下载并调试	Download and Debug	Ctrl + D
22	只调试不下载	Debug without Downloading	
23	撤销编辑	Undo	
24	恢复编辑	Redo	
25	粘贴	Paste	Ctrl + V
26	快速搜索	Quick Find	

部分按钮的功能说明如下。

① 设置/取消书签、跳转到下一个书签：书签功能在编译和调试时比较实用，通过“设置/取消书签”按钮和“跳转到下一个书签”按钮可以快速找到标记书签所在行。

② 跳转到上/下一步：这两个按钮在学习代码功能、仿真排错中最常用。在多次跳转之后，可以通过“跳转到上一步”按钮快速定位到跳转前的代码位置；也可以通过“跳转到下一步”按钮定位到后面代码的位置。

③ 下载并调试：下载代码之后再进行调试。

④ 只调试不下载：如果之前下载过代码，只需要单击该按钮即可。如果代码已经被修改，单击这个按钮并不会重新下载新的代码，芯片中还是原来的代码，这种情况下仿真会出现错误。为了防止出错，建议不使用这个按钮。

（2）调试工具栏。

调试工具栏在进入调试或模拟仿真时会自动显示，其按钮及功能说明如图 1-2-24 所示。

调试工具栏中按钮的中、英文名称及快捷命令如表 1-2-4 所示。

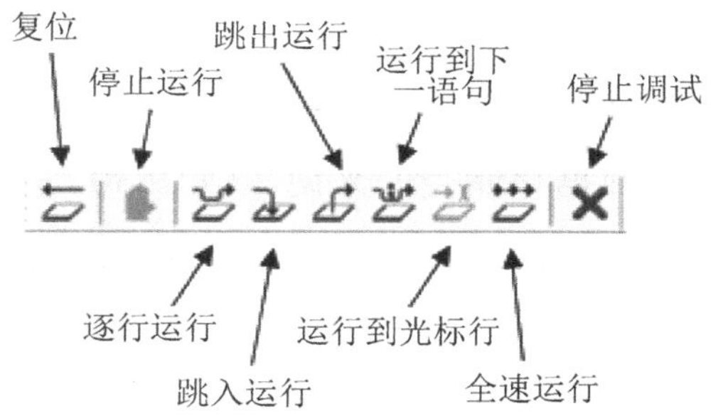

图 1-2-24　调试工具栏中的按钮及功能说明

表 1-2-4　调试工具栏中按钮的中、英文名称及快捷命令

序号	按钮中文名称	按钮英文名称	快捷命令（快捷键）
1	复位	Reset	
2	停止运行	Break	
3	逐行运行	Step Over	F10
4	跳入运行	Step Into	F11
5	跳出运行	Step Out	F11
6	运行到下一语句	Next Statement	
7	运行到光标行	Run to Cursor	
8	全速运行	Go	F5
9	停止调试	Stop Debugging	Ctrl + Shift + D

2. Code model 和 Data model 选项说明

在“Target”选项卡的“Code model”下拉列表中有“Near”和“Banked”两个选项可选择，由于芯片为 CC2530F256，因此这里选择默认的“Banked”选项，标明需要访问 CC2530F256 的整个 Flash 空间。只有不需要 Bank 支持才可以选择“Near”选项，如使用 CC2530F32、CC2530F64，以及虽然使用 CC2530F128、CC2530F256，但由于编译后的文件很小，并不需要使用 64KB 以上空间时，也可以选择“Near”选项。

“Target”选项卡的“Data model”下拉列表中共有“Tiny”、“Small”、“Large”、“Generic”

和“Far”五个选项，用于决定变量的默认存储类型、参数传递区和未声明存储类型的变量的存储类型，不同模式对于同样的硬件和代码，绝大多数情况下的运行效果是等效的，但编译出来的烧写文件大小不一样。

在“Data model”下拉列表中选择“Tiny”选项或“Small”选项时，Calling convention 变量存储在 IDATA 内存空间；在“Data model”下拉列表中选择“Large”选项或“Generic”选项时，Calling convention 变量存储在 XDATA 内存空间；在“Data model”下拉列表中选择“Far”选项时，Calling convention 变量存储在 PDATA 内存空间。

Z-Stack 协议栈使用 Large 来支持 CC2530F256，这样协议栈就可以存储在 XDATA 内存空间。

3. CC2530 的 DATA、IDATA、XDATA 和 PDATA 区别

从数据存储类型来说，CC2530 与 51 系列单片机类似，也有片内/片外程序存储器、片内/片外数据存储器。片内程序存储器还分直接寻址区和间接寻址区。使用不同的存储器将使程序执行效率不同，在使用 IAR 软件编译 C51 程序时，在“Target”标签的“Data model”下拉列表中指定变量的默认存储类型，若源程序中没有对变量进行单独声明，则都使用默认存储类型。

① CODE：单片机的程序代码区，代码区的数据是不可以改变的。CODE 区可存放数据表、跳转向量和状态表。

② DATA：指前面 0x00～0x7F 的 128 个 RAM，可以用 ACC 直接读写，速度最快，生成的代码空间也最小。

③ IDATA：指前面 0x00～0xFF 的 256 个 RAM，其中前 128 个 RAM 和 DATA 的 128 个 RAM 完全相同，只是访问的方式不同。

④ XDATA：外部扩展 RAM，一般指外部 0x0000～0xFFFF 空间。

⑤ PDATA：外部扩展 RAM 的低 256 个字节。

CC2530 使用不同的指令来访问 IDATA 和 XDATA，访问 IDATA 要比访问 XDATA 快，但 IDATA 只有 256 个 RAM，因此变量多时应该指定 XDATA。

任务 3 认识单片机 C 语言程序结构

任务要求与任务分析

任务要求：

- 能够掌握最基本的 C 语言程序结构框架。

- 能够独立完成简单 C 语言程序的编写。
- 能够使用 SmartRF Flash Programmer 将编译后生成的代码烧写到芯片中。

任务分析：

根据给出的完整源代码学习 C 语言的基本知识；使用 SmartRF Flash Programmer 将编译后生成的 HEX 文件烧写到芯片中，实现所需要的功能。

建议带着以下问题进行本任务的学习和实践。

- C 语言宏定义的一般形式是什么？请举例说明。
- C 语言文件包含的一般形式是什么？请举例说明。
- C 语言中 unsigned char 和 char 的值域范围分别是多少？
- C 语言中常用的算术运算符共有多少种？
- while 循环语句的一般形式是什么？
- for 循环语句的一般形式是什么？
- C 语言有几种基本结构？分别是什么？
- 函数和主函数的关系是什么？

知识储备

1. 预处理

语句中凡是以“#”开头的命令均为预处理命令，所谓预处理是指在进行编译之前所做的工作，由预处理程序完成。C 语言提供了多种预处理功能，如宏定义、文件包含等。

（1）宏定义。

在 C 程序中允许用一个标识符来表示一个字符串，称为“宏”，被定义为“宏”的标识符称为“宏名”。宏定义的一般形式为“#define 标识符 字符串”。其中，“#”为预处理命令；“define”为宏定义命令；“标识符”为所定义的宏名；“字符串”可以是常数、表达式、格式串等，例如

```
#define    LED1    P1_0    //将 P1_0 引脚宏定义为 LED1
```

该语句将 P1_0 引脚宏定义为 LED1，在宏定义之后的源程序中，所有的 P1_0 都可用 LED1 代替，简单明了。

> **温馨提示**
>
> 代码中用 LED1 代替 P1_0 将会使代码的可读性增强。

（2）文件包含。

文件包含的功能是把指定的文件插入该命令行位置取代该命令行，从而把指定的文件和当前的源程序文件连成一个源文件。文件包含的一般形式为“#include "文件名"”，例如

```
1.  #include <ioCC2530.h>
2.  #include "ioCC2530.h"
```

文件名用尖括号表示只在IAR配置指定的包含文件目录中查找，而不在源文件目录中查找；使用双引号则表示首先在当前的源文件目录中查找，若未找到，再到IAR配置指定的包含文件目录中查找。

2. 数据类型和变量说明

由于C语言被广泛地移植到了各种类型的单片机和计算机上，在8位、16位、32位和64位单片机的C语言中，同样名称的数据类型对应的值域是不同的。应用于51系列单片机中的IAR和Keil，其数据类型的种类也有所不同。IAR for 8051中使用的数据类型如表1-3-1所示。

表1-3-1 IAR for 8051中使用的数据类型

数据类型	长度	值域
unsigned char	单字节	0～255
char	单字节	−128～127
unsigned int	双字节	0～65535
int	双字节	−32768～32767
unsigned long	四字节	$0 \sim 2^{32}-1$
long	四字节	$-2^{31} \sim 2^{31}-1$
float	四字节	$-3.4e^{38} \sim 3.4e^{38}$（或$-2^{128} \sim 2^{128}$）

变量说明的一般形式为"类型说明符 变量名标识符, 变量名标识符;"例如

```
1.  unsigned int i, n;          // i和n为无符号整型变量
2.  char a, b, c;               // a、b和c为有符号字符型变量
```

在书写变量说明时，应注意最后一个变量名之后必须以半角的";"结尾，变量说明必须放在变量使用之前，一般放在函数体的开头部分。

3. 常用运算符

（1）算术运算符。

用于各类数值运算，包括加（+）、减（−）、乘（*）、除（/）、求余（%）、自增（++）、自减（−−）共七种。

（2）关系运算符。

用于比较运算，包括大于（>）、小于（<）、等于（==）、大于或等于（>=）、小于或等于（<=）和不等于（!=）六种。

（3）逻辑运算符。

用于逻辑运算，包括与（&&）、或（||）、非（!）三种。

（4）位运算符。

用于按二进制位进行运算，包括位与（&）、位或（|）、位非（～）、位异或（^）、左移（<<）、右移（>>）六种。

（5）赋值运算符。

用于赋值运算，包括简单赋值（=）、复合算术赋值（+=、-=、*=、/=和%=）和复合位运算赋值（&=、|=、^=、>>=和<<=）三类，共十一种。

4. while 循环语句

while 循环语句的一般形式为“while(表达式) 语句”。其中，表达式是循环条件；语句为循环体。while 循环语句的语义：计算表达式的值，当值为真（非 0）时，执行循环体。main 函数中一般都需要有一个死循环，可以把 while 循环语句的表达式设为常数 1，即结果始终为真，不断执行循环体。例如，下例中的循环体没有语句，执行空循环。

```
while(1)
{
    ;
}
```

5. for 循环语句

for 循环语句是 C 语言提供的一种功能更强、使用更广泛的循环语句。其一般形式为“for(表达式 1;表达式 2;表达 3)语句;”。

表达式 1：通常用来给循环变量赋初值，一般是赋值表达式。

表达式 2：通常是循环条件，一般为关系表达式或逻辑表达式。

表达式 3：通常用来修改循环变量的值，一般是赋值语句。

语句：循环体。

这三个表达式都可以是逗号表达式，即每个表达式都可由多个表达式组成，三个表达式都是可选项，都可以省略，但前面两个表达式后面的“;”不能省略。

for 循环语句首先计算表达式 1 的值，再计算表达式 2 的值，若值为真（非 0）则执行循环体一次，否则跳出循环；然后计算表达式 3 的值，转回计算表达式 2 的值，反复执行，直到表达式 2 的值为假，退出循环语句。在整个 for 循环过程中，表达式 1 只计算一次，表达式 2 和表达式 3 则可能计算多次。例如，延时函数中的 for 循环语句如下：

```
for(i = 0;i<5000;i++);
```

首先计算表达式 1 i = 0，即将 0 赋值给 i；再计算表达式 2 的值，判断 i<5000 是否为真（非 0），若为真，则执行循环体一次；然后计算表达式 3 i++，转回计算表达式 2 的值，判断表达式 i<5000 是否为真，直到 i<5000 为假，即 i 等于 5000 时退出循环语句。

6. 程序结构

C 语言有顺序结构、选择结构和循环结构三种基本结构，循环结构又分为当型循环结构和直到型循环结构，如图 1-3-1 所示。

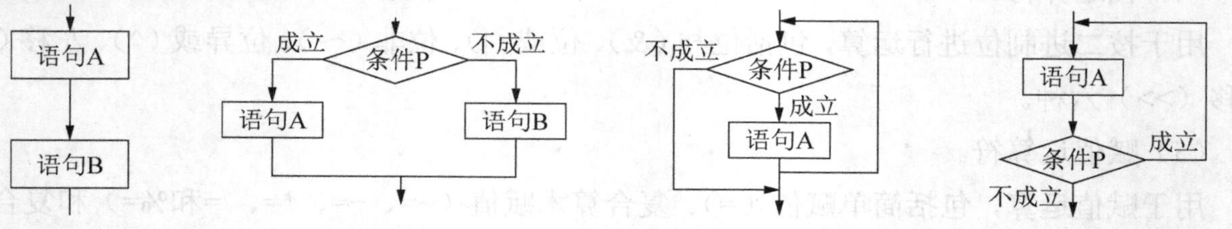

（a）顺序结构　　（b）选择结构　　（c）当型循环结构　　（d）直到型循环结构

图 1-3-1　C 语言的基本结构

（1）顺序结构。

顺序结构是最基本、最简单的结构，在这种结构中，程序由低地址到高地址依次按顺序执行。

（2）选择结构。

选择结构可使程序根据不同的情况，选择执行不同的分支。在选择结构中，程序先对一个条件进行判断。当条件成立，即条件语句为“真”时，执行一个分支；当条件不成立，即条件语句为“假”时，执行另一个分支。

（3）循环结构。

在程序处理过程中，有时需要对某一段程序重复执行多次，这时就需要循环结构来实现。

当型循环结构：当条件 P 成立（为真）时，重复执行语句 A，当条件 P 不成立（为假）时才停止重复，执行后面的程序，常用语句为 while 循环语句和 for 循环语句。

直到型循环结构：先执行语句 A，再判断条件 P，当条件 P 成立（为真）时，再次执行语句 A，直到条件 P 不成立（为假）时才停止重复，执行后面的程序，常用语句为 do…while 循环语句。

7. 函数和主函数

C 程序由多个函数组成，函数是 C 程序的基本模块，通过对函数的调用实现特定的功能，C 语言中的函数相当于其他高级语言中的子程序。由于 C 语言采用了模块式的结构，所以易于实现结构化程序设计，使程序的层次结构清晰，便于程序的编写、阅读、调试。

在 C 语言中，所有的函数定义，包括 main 函数在内，都是平行的。也就是说，在一个函数的函数体内，不能再定义另一个函数，即不能嵌套定义。但是函数之间允许相互调用，称为嵌套调用；函数还可以自己调用自己，称为递归调用。

下面是一个简单的函数举例，其是一个延时函数，无参、无返回值。

```
void Delay_1s(void)              //延时函数
{
    unsigned int i;
    for(i = 0; i<5000; i++);
}
```

main 函数是主函数，它可以调用其他函数，而不允许被其他函数调用。C 程序的执行总是从 main 函数开始的，完成对其他函数的调用后再返回到 main 函数，最后由 main 函数结束整个程序。一个 C 程序必须有，也只能有一个 main 函数。

最简单的 main 函数举例如下，在这个例子中，没有执行任何功能，只是空语句的死循环。

```
void main(void)
{
    while(1)
    {
        ;
    }
}
```

8. 代码规范

在 C 语言中，若不遵守编译器的规定，编译器在编译时就会报错，这个规定叫作规则。但是有一种规定，它是人为的、约定成俗的，即使不遵守这种规定也不会出错，这种规定就叫作规范。

程序的格式清晰、美观是程序风格的重要构成元素。刚开始学习 C 语言的时候，第一步不是要把程序写正确，而是要写规范。代码规范化的第一个好处就是好看、整齐和舒服。如果用不规范的方式写了几百行代码，当时能看得懂，但等过一段时间后再回头看就很吃力了；第二个好处是使程序不容易出错，即使出错了，查错也会很方便。

代码的规范化远不止本节所说的这些内容，这里面细节很多，而且需要不停地写代码练习，不停地领悟，慢慢地才能掌握。刚开始的时候，程序员不清楚有些规范要那样规定的原因，只是单纯地模仿，等将来写代码的时间长了，就会感觉到那样写是很有好处的。

代码规范化有以下 7 个原则。

（1）空行。

空行起着分隔程序段落的作用，空行不会浪费内存，但在适当地方加入空行会使程序的布局更加清晰。

（2）空格。

关键字之后要留空格，如 if、for 等关键字之后应留一个空格再跟左括号“(”，以突出关键字。

函数名之后不要留空格，应紧跟左括号“(”，与关键字有区别。

符号“,”应该向前紧跟，之前不留空格，之后要留空格。

赋值运算符、关系运算符、算术运算符、逻辑运算符、位运算符等双目运算符的前后应加空格，如=、+=、/=、%=、&=、|=、>、>=、+、−、&、|、&&、||、<<、>>等。

单目运算符前后不加空格，例如!、~、++、−−、*等。

（3）成对书写。

成对的符号一定要成对书写，如()和{}。不要写完左边，然后写内容，最后再补右边，这样在多层嵌套时很容易漏掉。

（4）缩进。

缩进可以使程序更有层次感，推荐用四个空格。原则：如果地位相等，则不需要缩进；如果属于某一个代码的内部代码，就需要缩进。

（5）对齐。

对齐主要针对大括号{}而言，{和}分别要独占一行，互为一对的{和}要位于同一列，并且与引用它们的语句左对齐。

（6）代码行。

一行代码只做一件事情，如只定义变量或只写一条语句。这样的代码容易阅读，并且便于写注释。

（7）注释。

注释通常用于重要的代码行或段落提示，虽然注释有助于理解代码，但也不可过多地使用注释。正常应该边写代码边注释，修改代码的同时要修改相应的注释，以保证注释与代码的一致性。

一般整个源文件需要注释，通常包括项目或文件名称、创建者和创建时间、版本号及文件说明等；函数前面也需要注释，通常包括函数名称、函数功能、输入参数和返回值等，具体见本任务完整代码或本书配套资源。

任务实施

任务实施前必须先准备好设备和资源，如表 1-3-2 所示。

表 1-3-2　任务 3 需准备的设备和资源

序号	设备/资源名称	数量	是否准备到位
1	计算机（已安装好 IAR 软件）	1 台	
2	NEWLab 实训平台	1 套	
3	CC Debugger 仿真器	1 套	
4	白板	1 块	

具体实施步骤如下。

1. 打开工程

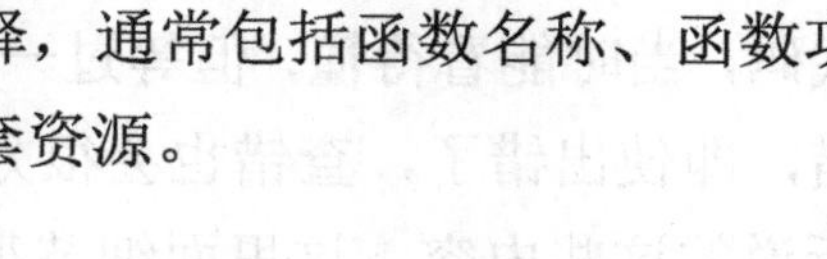

任务 2 创建的工程位于 D 盘根目录下的 CC2530 子目录中，工程名称为“IOtest”，源文件名称为“source\test.c”。本任务直接修改“test.c”文件里面的代码。

打开 IAR 软件，选择“Project”→“Add Existing Project...”菜单命令，如图 1-3-2 所示。

进入 D 盘的 CC2530 文件夹，选中“IOtest.ewp”文件，单击“打开（O）”按钮，如图 1-3-3 所示。

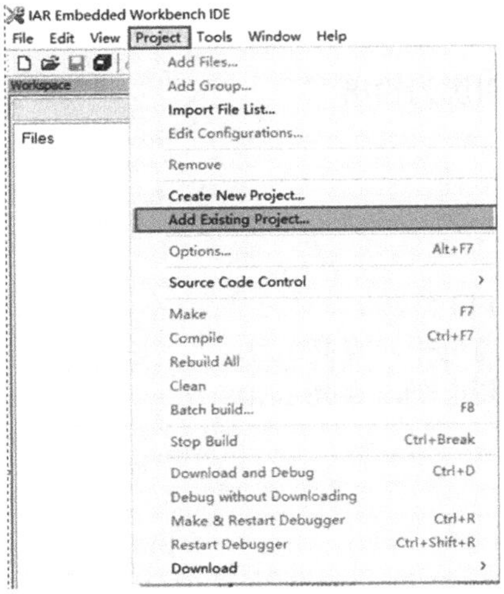

图 1-3-2　打开现有的工程

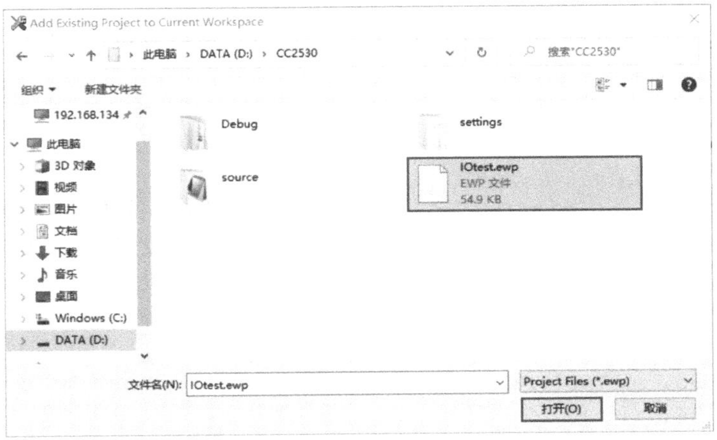

图 1-3-3　打开“IOtest.ewp”文件

2. **编写代码**

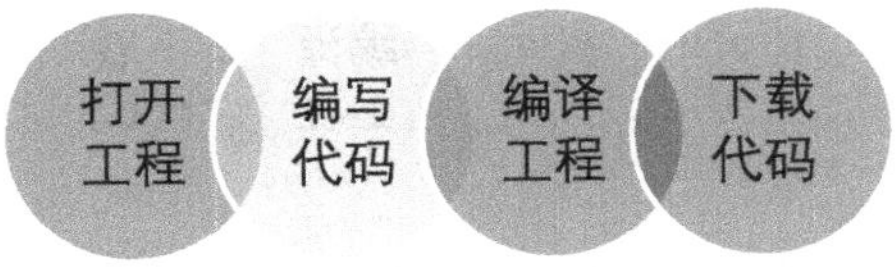

单击图 1-2-9 工作区窗口中的“test.c”文件，IAR 软件会自动加载“test.c”文件并打开，将“test.c”文件内容在编辑空间显示出来，删除编辑空间中“test.c”文件的全部内容，重新输入代码。本任务的完整代码如下。

```
/*********************************************************************
* Copyright  2021 newland-edu. All rights reserved.
* @文件名：test.c
* @创建者：shenwen
* @创建日期：2022-01-18
* @版本号：1.0
* @文件说明：任务 3 认识单片机 C 语言程序结构的测试代码，点亮 ZigBee 模块白板 P1_0 和 P1_1 引脚外接的 LED
* @变更历史说明：
*********************************************************************/
#include <ioCC2530.h>
#define LED1 P1_0
#define LED2 P1_1

/*********************************************************************
* 函数名称：InitIO
* 函数功能：初始化 I/O 口
* 输入参数：无
* 返回值：无
* 创建日期：2022-01-18
```

```
* 版本号：1.0
* 变更历史说明：
************************************************************************/
void InitIO(void)
{
   P1DIR |= 0x03;                    //设置 P1_0 和 P1_1 引脚为输出
}

void main(void)                      //主函数
{
    InitIO( );                       //初始化 LED 控制 I/O 口
    LED1 = 1;                        //设置 P1_0 引脚输出高电平，点亮 LED
    LED2 = 1;                        //设置 P1_1 引脚输出高电平，点亮 LED
    while(1)
    {
        ;
    }
}
```

3. **编译工程**

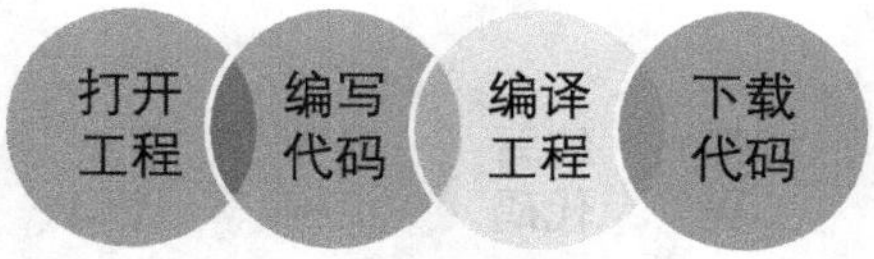

按照任务 2 的第 4 步对工程进行编译。如果没有错误，则可以在信息窗口中看到编译成功的信息，如图 1-2-19 所示；如果提示错误，则需要认真检查修改，重新编译链接，直到没有错误为止。

4. **下载代码**

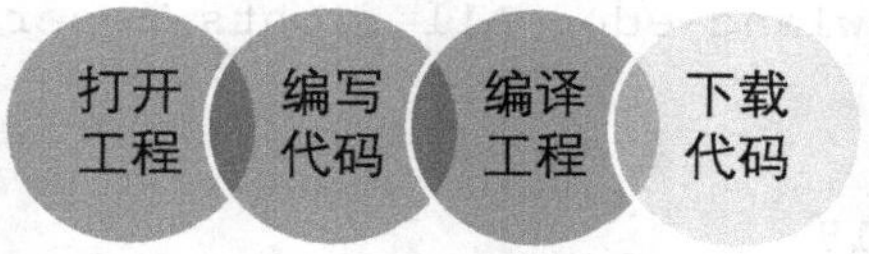

将 ZigBee 模块白板装入 NEWLab 实训平台，CC Debugger 仿真器的下载线插到插座上，如图 1-3-4 所示。

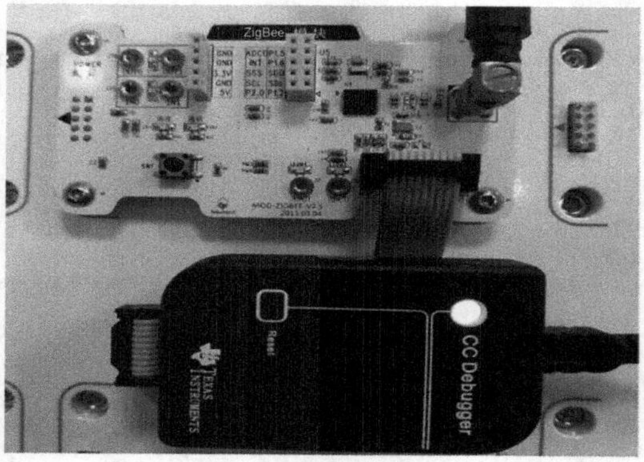

图 1-3-4　将 CC Debugger 仿真器的下载线插到插座上

将仿真器的 USB 接口连接至计算机，使用 SmartRF Flash Programmer 软件，按图 1-3-5 所示的步骤操作，将生成的 HEX 文件烧写到 CC2530 中。

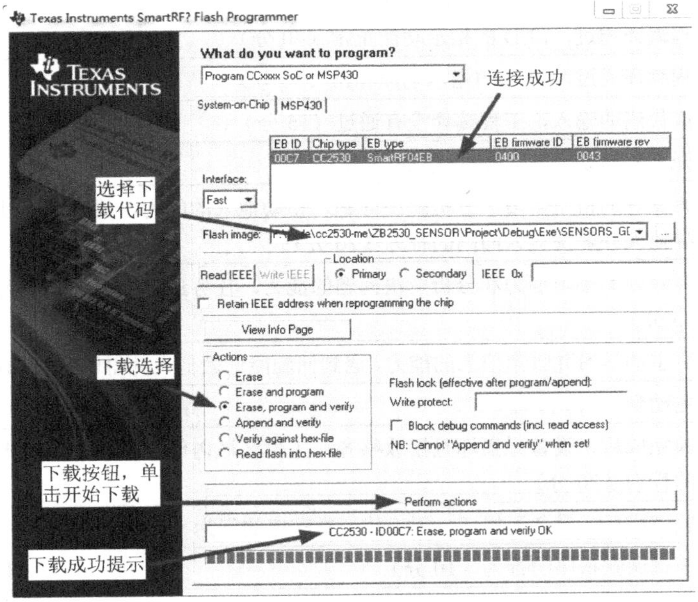

图 1-3-5　烧写 HEX 文件

确认一下白板上的两个 LED 是否都点亮，如果发生异常，需要排除软件编写、硬件连接和供电问题，直到两个 LED 都点亮为止。

任务工单

本任务的任务工单如表 1-3-3 所示。

表 1-3-3　任务 3 的任务工单

第 1 单元　搭建单片机 CC2530 IAR 开发环境	任务 3　认识单片机 C 语言程序结构

（一）本任务关键知识引导

1. C 语言中的语句中凡是以（　　　　）开头的均为预处理命令。
2. 文件包含命令的一般形式为“（　　　　）"文件名"”。
3. 变量说明必须放在变量使用之（　　）。
4. 算术运算符包括加（　　）、减（　　）、乘（　　）、除（　　）、求余（　　）、自增（　　）、自减（　　）共七种。
5. 关系运算符包括大于（　　）、小于（　　）、等于（　　）、大于或等于（　　）、小于或等于（　　）和不等于（　　）六种。
6. C 语言有（　　　　）、（　　　　）和（　　　　）三种基本结构。
7. 一个 C 程序必须有，也只能有一个（　　）函数。

（二）任务检查与评价

评价方式	可采用自评、互评、教师评价等方式			
说明	主要评价学生在学习过程中的操作技能、理论知识、学习态度、课堂表现、学习能力等			
序号	评价内容	评价标准	分值	得分
1	知识运用（20%）	掌握相关理论知识，正确完成本任务关键知识的作答（20 分）	20 分	

续表

续表

序号	评价内容	评价标准	分值	得分
2	专业技能（40%）	工程编译通过，LED 的指示功能正常（40 分）	40 分	
		工程编译通过，LED 的指示功能异常（30 分）		
		完成代码的输入，工程编译没有通过（15 分）		
		打开工程错误或输入部分代码（5 分）		
3	核心素养（20%）	具有良好的自主学习、分析解决问题、帮助他人的能力，整个任务过程中有指导他人并解决他人问题的行为（20 分）	20 分	
		具有较好的学习能力和分析解决问题的能力，任务过程中无指导他人的行为（15 分）		
		具有主动学习并收集信息的能力，遇到问题能请教他人并得以解决（10 分）		
		不主动学习（0 分）		
4	职业素养（20%）	实验完成后，设备无损坏且摆放整齐，工位区域内保持整洁，无干扰课堂秩序的行为（20 分）	20 分	
		实验完成后，设备无损坏，无干扰课堂秩序的行为（15 分）		
		无干扰课堂秩序的行为（10 分）		
		干扰课堂秩序（0 分）		
		总得分		

任务小结

认识单片机 C 语言程序结构的思维导图如图 1-3-6 所示。

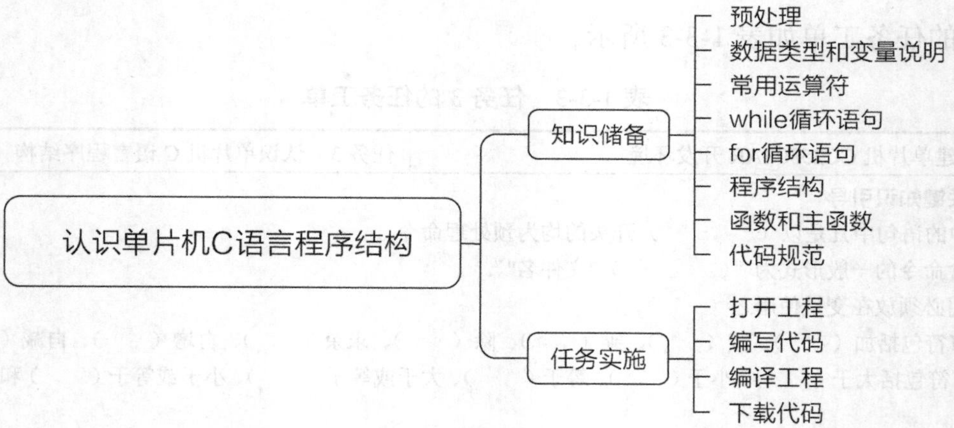

图 1-3-6　认识单片机 C 语言程序结构的思维导图

知识与技能提升

动动脑

1．C 语言程序可分为顺序、选择和循环三种结构，在本任务的代码中找出这三种结构的代码。

2．本任务代码开头使用宏定义的 LED1 和 LED2 代替 P1_0 和 P1_1 引脚，在后面的主函数中直接使用 LED1 和 LED2。如果在主函数中不使用 LED1 和 LED2，而是继续使用 P1_0 和 P1_1 引脚来操作 LED，即主函数的相关代码改为

```
#define LED1 P1_0
#define LED2 P1_1
P1_0= 1;                    //设置 P1_0 引脚输出高电平，点亮 LED
P1_1= 1;                    //设置 P1_1 引脚输出高电平，点亮 LED
```

以上修改后的代码能否编译成功？LED 能否正常点亮？

动动手

本任务为点亮两个 LED，如果改为只点亮 P1_0 引脚外接的 LED1，而 P1_1 引脚外接的 LED2 不点亮，应该如何修改代码？重新编译之后，将生成的代码烧写到白板上测试一下。

延伸阅读

1. LED 的原理

LED（发光二极管）是一种由磷化镓（GaP）等半导体材料制成，能直接将电能转变成光能的发光显示器件。当其内部有一定电流通过时，它就会发光。

LED 与普通二极管一样由 PN 结构成，具有单向导电性。它广泛应用于各种电子电路、家电、仪表等设备中，作为电源指示灯或电平指示灯。大功率的 LED 也可以用于照明，甚至可以作为汽车的车灯。

2. LED 的分类

① 按其使用材料不同，可分为磷化镓（GaP）LED、磷砷化镓（GaAsP）LED、砷化镓（GaAs）LED、磷铟砷化镓（GaAsInP）LED 和砷铝化镓（GaAlAs）LED 等多种。

② 按其封装结构及封装形式不同，除可分为金属封装 LED、陶瓷封装 LED、塑料封装 LED、树脂封装 LED 和无引线表面封装 LED 外，还可分为加色散射封装（D）LED、无色散射封装（W）LED、有色透明封装（C）LED 和无色透明封装（T）LED。

③ 按 LED 的发光颜色不同，可分成红色（Red）、橙色（Orange）、黄色（Yellow）、黄绿色（Chartreuse）、绿色（Green）、蓝绿色（Turquoise）、蓝色（Blue）、紫色（Purple）、紫外线（UV）、白色（White）、红外线（Infrared）等 LED；另外，有的 LED 中包含两种或多种颜色。

④ 按发光强度不同，可分为普通亮度 LED、高亮度 LED 和超高亮度 LED。

⑤ 按封装外形不同，可分为圆形、方形、矩形、三角形和 SMD 贴片等多种 LED，如图 1-3-7 所示。

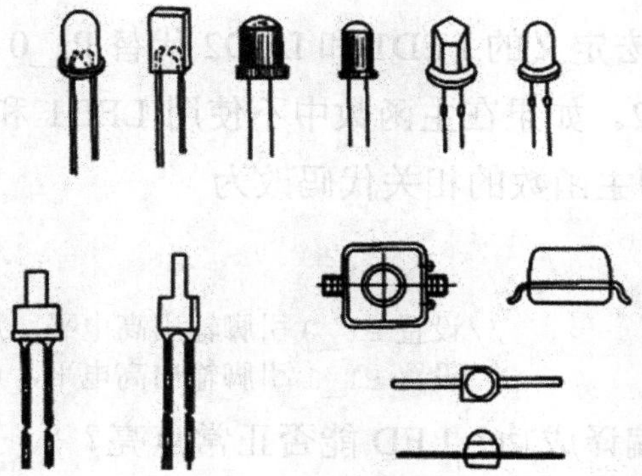

图 1-3-7　LED 常见的封装外形

第2单元

按键控制交通信号灯

学习目标

1. 职业知识目标

掌握 if...else 条件语句的基本用法。

掌握利用判断条件标志位进行逻辑控制的方法。

掌握单片机按键检测的基本原理。

掌握用按键控制相关端口寄存器的设置方法。

掌握以扫描方式进行按键处理的编程方法。

掌握按键中断寄存器的设置方法。

掌握以中断方式进行按键处理的编程方法。

2. 职业能力目标

能对 CC2530 按键进行端口设置。

能通过扫描方式进行按键有效判断和按键处理。

能对 CC2530 外部中断寄存器进行设置。

能通过中断方式进行按键有效判断和按键处理。

3. 职业素养目标

通过严谨的开发流程和正确的编程思路培养勤于思考和认真做事的良好习惯。

通过互相帮助、共同学习并达成目标培养团队协作能力。

通过讲述、说明、回答问题和相互交流提升自我展示能力。

通过利用书籍或网络上的资料解决实际问题培养自我学习能力。

通过完成学习任务养成爱岗敬业、遵守职业道德规范、诚实守信的良好品质。

任务 1 使用 CC2530 的 I/O 口

任务要求与任务分析

任务要求：

LED 交替闪烁。

模拟效果：

①黑板通电后，D5 绿色 LED 点亮（绿灯亮），其他 LED 熄灭，延时 5s。

②5s 后，D3 绿色 LED 点亮（黄灯亮），其他 LED 熄灭，延时 1s。

③1s 后，D6 红色 LED 点亮（红灯亮），其他 LED 熄灭，延时 5s。

④5s 后，D5 绿色 LED 点亮（绿灯亮），其他 LED 熄灭，延时 5s。

⑤LED 交替闪烁效果可循环。

任务分析：

CC2530 I/O 口输出高低电平控制 LED 的亮灭；采用延时函数实现定时输出控制。

建议带着以下问题进行本任务的学习和实践。

- 什么叫自增、自减运算符？
- C 语言中整数的表示方法是什么？
- C 语言中如何设置和清除某位？
- CC2530 共有多少个通用 I/O 口？
- 白板中能够提供给用户使用的通用 I/O 口有多少个？
- PxSEL 寄存器的作用是什么？
- PxDIR 寄存器的作用是什么？
- 仿真调试中，如何观察变量的值？
- 仿真调试中，如何设置断点？
- 仿真调试中，如何退出仿真调试模式？

知识储备

1. 自增、自减运算符

自增运算符记为“++”，其功能是使变量的值自增 1；自减运算符记为“--”，其功能是使变量的值自减 1。自增和自减运算符均为单目运算符，都具有右结合性，可有以下几种形式：

++i：i 自增 1 后再参与运算。

--i：i 自减 1 后再参与运算。

i++：参与运算后 i 的值再自增 1。

i--：参与运算后 i 的值再自减 1。

2. C 语言中整数的表示方法

C 语言中的整数可以使用十进制数、二进制数、八进制数和十六进制数表示。一个数默认是十进制的，表示一个十进制数不需要任何特殊的格式。但是，表示一个二进制数、八进制数或十六进制数就不一样了。为了和十进制数区分开来，必须采用某种特殊的写法，具体来说，就是在数前面加上特定的字符，也就是前缀，具体如下。

（1）二进制数。

二进制数由 0 和 1 两个数字组成，使用时必须以 0b 或 0B（不区分大小写）开头。

（2）八进制数。

八进制数由 0～7 八个数字组成，使用时必须以 0 开头（注意是数字 0，不是字母 o）。

（3）十六进制数。

十六进制数由数字 0～9、字母 A～F 或 a～f（不区分大小写）组成，使用时必须以 0x 或 0X（不区分大小写）开头。

（4）十进制数。

十进制数由 0～9 十个数字组成，没有任何前缀，和我们平时的书写格式一样。

3. C 语言中设置和清除某位

（1）对变量的某些位清 0 而不影响其他位。

若变量 a 当前的值是 0x6d（0b0110 1101），现需要将该变量的第 0 位和第 5 位的值改为 0，同时不能影响其他位的值，那么在 C 语言中可以使用位与（&）运算符实现。

写法举例：a = a &～0x21，用复合位运算符简写为 a &=～0x21。

逻辑“与”操作的特点为该位有 0 结果就为 0；若为 1，则保持原来值不变。

首先将字节中要操作的位设置为 1，即第 0 位和第 5 位置 1，其余的位为 0，用二进制数表示为 0b0010 0001（十六进制数为 0x21）；该数前面的“～”符号，表示将该数值按位取反，取反后的值为 0b1101 1110；该值与变量 a“位与”，其结果是数值中为 0 的位在变量 a 中的对应位也将为 0，即变量 a 的第 0 位和第 5 位都将被清 0，其余的位保持不变。

如果需要将其中的第 n 位清 0，可以写为 a &=～(0x01<<n)。

> **温馨提示**
>
> 左移的起始次数是从 0 次开始的，即第 0 位清 0 不需要移动，而第 n 位清 0 则需要左移 n 次。

（2）对变量的某些位置 1 而不影响其他位。

若变量 a 当前的值是 0x6d（0b0110 1101），现需要将该变量的第 1 位和第 4 位的值改为

1，同时不能影响其他位的值，那么在C语言中可以使用位或（|）运算符实现。

写法举例：a = a | 0x12，用复合位运算符简写为 a |= 0x12。

逻辑“或”操作的特点为该位有1结果就为1；若为0，则保持原来值不变。

首先将字节中要操作的位设置为1，即第1位和第4位置1，其余的位为0，用二进制数表示为0b0001 0010（十六进制数为0x12），该值与变量a“位或”，其结果是数值中为1的位在变量a中的对应位也将为1，即变量a的第1位和第4位都将被置1，其余的位保持不变。

如果需要将其中的第 *n* 位置1，可以写为 a |= (0x01<<n)。

4. CC2530 通用 I/O 口

CC2530采用QFN40封装，共有40个引脚，可以作为GPIO（General-Purpose Input/Output，通用数字输入/输出端口，也简称为I/O口）的共有21个，分为3个端口组，分别命名为P0、P1、P2。其中P0和P1端口组有8个I/O口，P2仅有5个I/O口。在这些I/O口中有两种不同的输出电流，P1_0和P1_1引脚输出电流为20mA，在配置为输入时没有上拉和下拉功能；剩下的19个I/O口输出电流只有4mA，在配置为输入时可以选择内部上拉、下拉或三态模式。在白板中，仿真需要使用P2_1和P2_2引脚，实时时钟的晶振需要使用P2_3和P2_4引脚，因此白板能够提供给用户使用的只有17个通用I/O口。CC2530的引脚说明如图2-1-1所示。

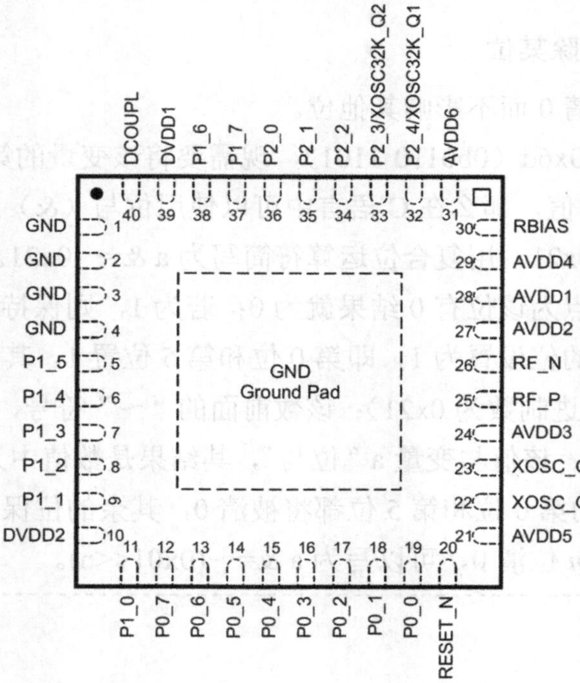

图 2-1-1　CC2530 的引脚说明

5. 通过寄存器配置通用 I/O 口

在单片机内部有一些具有特殊功能的内存单元，这些单元用来存放控制单片机的内部命令、数据或运行过程中的状态信息，统称为特殊功能寄存器，操作单片机的本质就是对这些特殊功能寄存器进行读/写操作。每一个特殊功能寄存器本质上就是一个内存单元，而且只能通过内存地址标识和使用内存单元。为了便于使用，每个特殊功能寄存器都有一个对应的名字。在程序设计时，通过预处理的文件包含命令“#include <ioCC2530.h>”，就可以直接使用寄存器的名称访问内存地址。

CC2530 通用 I/O 口相关的寄存器有以下两种。

① PxSEL 寄存器：端口功能选择寄存器，设置端口是通用 I/O 口还是外设功能，其功能说明如表 2-1-1 所示。

表 2-1-1　PxSEL 寄存器的功能说明

位	位名称	复位值	操作	功能说明
7:0	PxSEL_[7:0]	0x00	R/W	设置 Px_7 到 Px_0 引脚的功能： 设置为 0：对应端口被设置为通用 I/O 口。 设置为 1：对应端口被设置为外设功能

这里的“x”指要使用的端口组编号，例如，要设置 P1_0 引脚，则选择 P1SEL 寄存器。复位值为 0x00，即复位后均默认为通用 I/O 口。

配置代码举例：

```
P1SEL &= ~0x03;                    //设置 P1_0 和 P1_1 引脚为通用 I/O 口
P0SEL |= 0x48;                     //设置 P0_3 和 P0_6 引脚为外设功能
```

② PxDIR 寄存器：端口传输方向寄存器，用来设置数据的传输方向（作为输入或者作为输出），其功能说明如表 2-1-2 所示。

表 2-1-2　PxDIR 寄存器的功能说明

位	位名称	复位值	操作	功能说明
7:0	PxDIR_[7:0]	0x00	R/W	设置 Px_7 到 Px_0 引脚的传输方向： 设置为 0：对应端口被设置为输入。 设置为 1：对应端口被设置为输出

这里的“x”指要使用的端口组编号，例如，要设置 P1_0 引脚，则选择 P1DIR 寄存器。复位值为 0x00，即复位后均默认为输入。

配置代码举例：

```
P1DIR &= ~0x03;                    //设置 P1_0 和 P1_1 引脚为输入
P0DIR |= 0x48;                     //设置 P0_3 和 P0_6 引脚为输出
```

任务实施

任务实施前必须先准备好设备和资源，如表 2-1-3 所示。

表 2-1-3　任务 1 需准备的设备和资源

序号	设备/资源名称	数量	是否准备到位
1	计算机（已安装好 IAR 软件）	1 台	
2	NEWLab 实训平台	1 套	
3	CC Debugger 仿真器	1 套	
4	白板	1 块	

具体实施步骤如下。

1. 打开工程

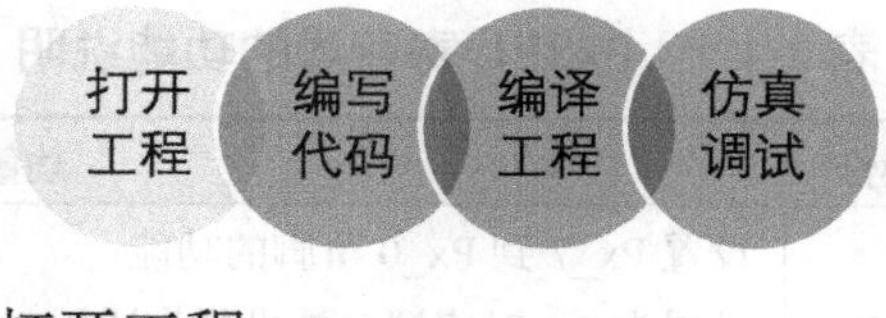

按第 1 单元任务 3 的方式打开工程。

2. 编写代码

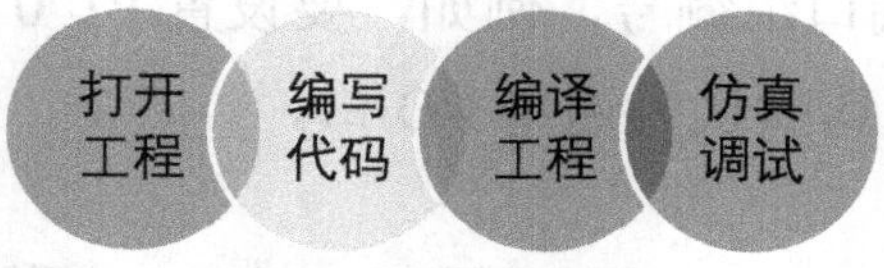

与第 1 单元任务 3 相似，删除“test.c”文件中的全部代码，重新输入。

步骤 1：头文件包含。

```
#include <ioCC2530.h>
```

步骤 2：I/O 口宏定义。

白板中与 LED 有关的原理图如图 2-1-2 所示。

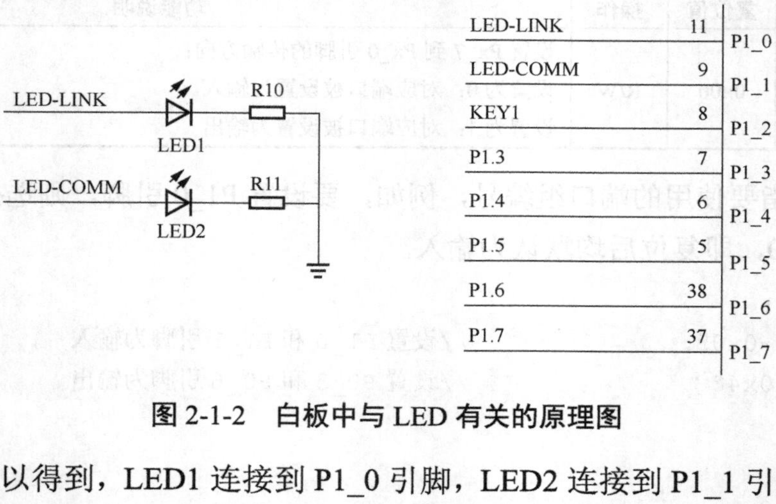

图 2-1-2　白板中与 LED 有关的原理图

分析原理图可以得到，LED1 连接到 P1_0 引脚，LED2 连接到 P1_1 引脚，输出高电平时 LED 点亮，输出低电平时 LED 熄灭。可以通过软件直接操作 P1_0 或 P1_1 引脚输出，写“0”输出低电平，写“1”输出高电平，参考代码如下：

```
P1_0 = 0;        //P1_0 引脚输出低电平
```

```
P1_0 = 1;        //P1_0 引脚输出高电平
P1_1 = 0;        //P1_1 引脚输出低电平
P1_1 = 1;        //P1_1 引脚输出高电平
```

考虑到直接使用 P1_0 或 P1_1 引脚不够直观，可以使用第 1 单元介绍的宏定义，将 P1_0 和 P1_1 引脚宏定义为 LED1 和 LED2，参考代码如下：

```
#define LED1        P1_0       //将 P1_0 引脚宏定义为 LED1
#define LED2        P1_1       //将 P1_1 引脚宏定义为 LED2
```

采用以上宏定义后，后续可以采用 LED1 代替 P1_0 引脚，采用 LED2 代替 P1_1 引脚，对 LED1 和 LED2 的操作等效于对 P1_0 和 P1_1 引脚的操作，参考代码如下：

```
LED1 = 0;                      //P1_0 引脚输出低电平
LED1 = 1;                      //P1_0 引脚输出高电平
LED2 = 0;                      //P1_1 引脚输出低电平
LED2 = 1;                      //P1_1 引脚输出高电平
```

步骤 3：编写 I/O 口初始化函数。

初始化 I/O 口的代码编写思路如下。

① 设置 P1SEL 寄存器，将 P1_0 和 P1_1 引脚设置为通用 I/O 口。

② 设置 P1DIR 寄存器，将 P1_0 和 P1_1 引脚设置为输出。

初始化 I/O 口的代码如下：

```
P1SEL &= ~0x03;                //设置 P1_0 和 P1_1 引脚为通用 I/O 口
P1DIR |= 0x03;                 //设置 P1_0 和 P1_1 引脚为输出
```

由于上电复位之后所有端口均设置为通用 I/O 口，因此设置 P1SEL 寄存器的代码可以省略，修改后的代码如下：

```
P1DIR |= 0x03;                 //设置 P1_0 和 P1_1 引脚为输出
```

把以上代码写到 I/O 口初始化函数中，I/O 口初始化函数是一个无参函数，无返回值，参考代码如下：

```
void InitIO(void)
{
  P1DIR |= 0x03;               //设置 P1_0 和 P1_1 引脚为输出
}
```

步骤 4：编写延时函数。

LED 的亮灭之间需要插入延时，人眼才能观察到 LED 在闪烁，延时函数的参考代码如下：

```
void Delay(unsigned int n)
{
  unsigned int i,j;
  for(i=0;i<n;i++)
  {
    for(j=0;j<600;j++);
  }
}
```

该延时函数的输入参数为 n，对应的延时时长为 n ms。

步骤 5：编写 main 函数。

```
void main(void)                    //主函数
{
  InitIO( );                       //初始化 LED 控制 I/O 口
  while(1)
  {
    LED1 = 1;                      //设置 P1_0 引脚输出高电平，点亮 LED1
    LED2 = 0;                      //设置 P1_1 引脚输出低电平，熄灭 LED2
    Delay(1000);                   //延时 1000ms
    LED1 = 0;                      //设置 P1_0 引脚输出低电平，熄灭 LED1
    LED2 = 1;                      //设置 P1_1 引脚输出高电平，点亮 LED2
    Delay(1000);                   //延时 1000ms
  }
}
```

main 函数完成 I/O 口初始化后，进入循环，使 LED1 和 LED2 交替闪烁。在循环语句中，点亮 LED1，熄灭 LED2，延时，再熄灭 LED1，点亮 LED2，再延时，反复循环，就可以实现 LED 交替闪烁。

在本任务代码中，应用了图 2-1-3 所示的知识点。

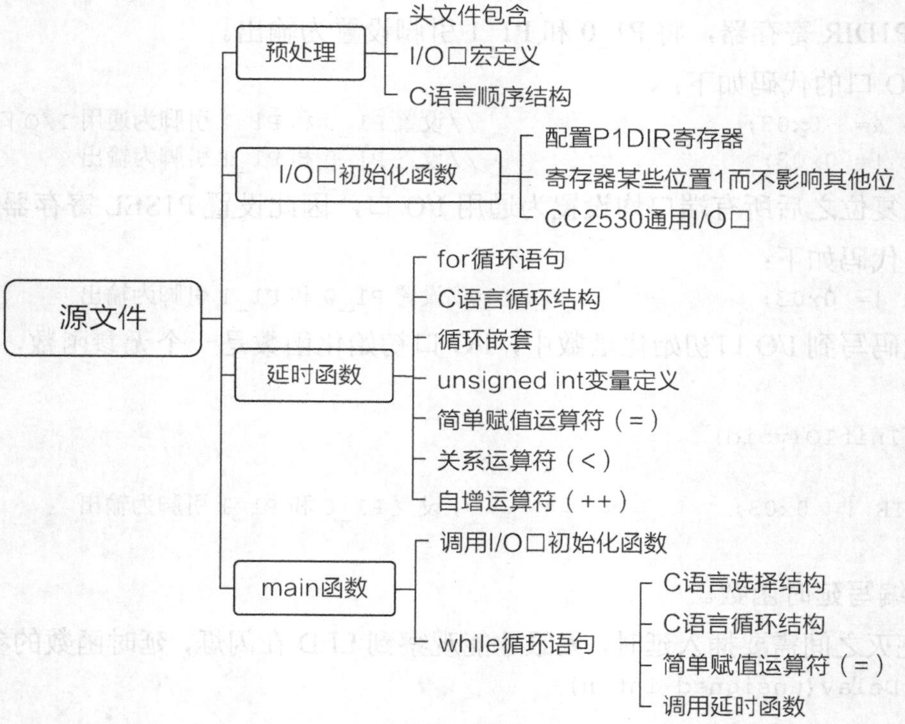

图 2-1-3 任务 1 代码中应用的知识点

3. 编译工程

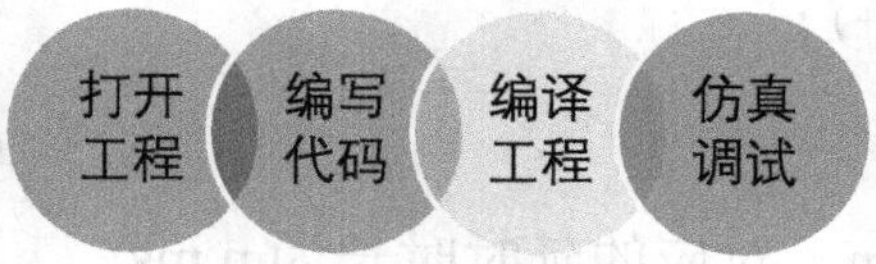

按照第 1 单元任务 2 的第 4 步对工程进行编译。如果没有错误，则可以在信息窗口中看到

编译成功的信息；如果提示错误，则需要认真检查修改，重新编译链接，直到没有错误为止。

C 语言中常见的错误为漏了“;”，提示信息如图 2-1-4 所示；或者把英文的“;”误输入中文的“；”，提示信息如图 2-1-5 所示。

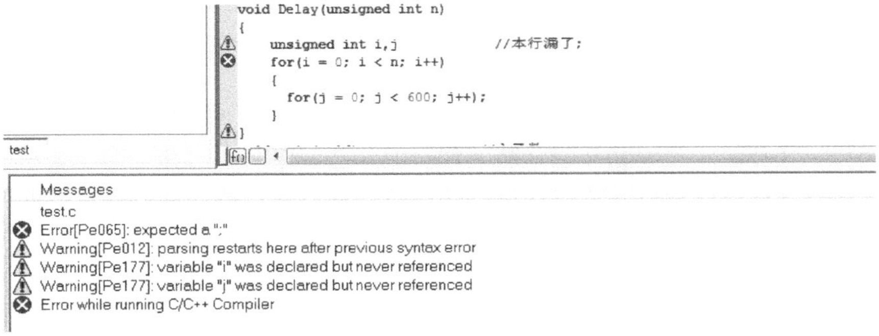

图 2-1-4　漏了“;”的提示信息

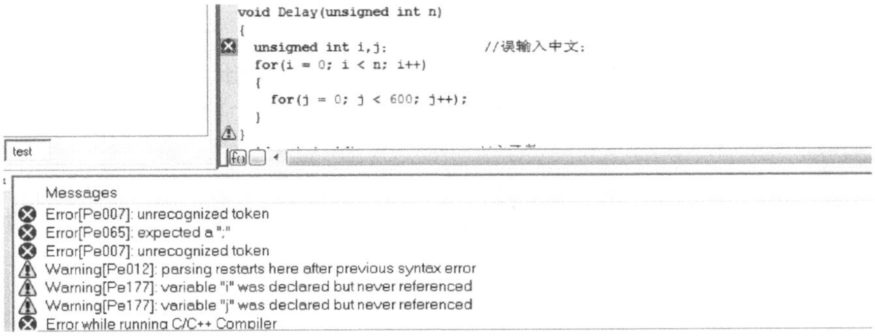

图 2-1-5　误输为中文的“；”的提示信息

4. **仿真调试**

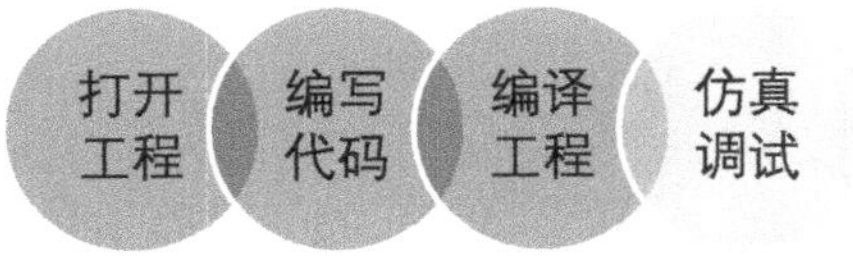

按第 1 单元任务 3 的步骤连接好 CC Debugger 仿真器和白板。

（1）进入仿真调试模式。

先检查一下仿真软件的驱动是否正确安装，若有需要，请参阅本书配套资源。还需要确认菜单栏中是否有“Texas Instruments Emulator”选项卡，如图 2-1-6 所示。

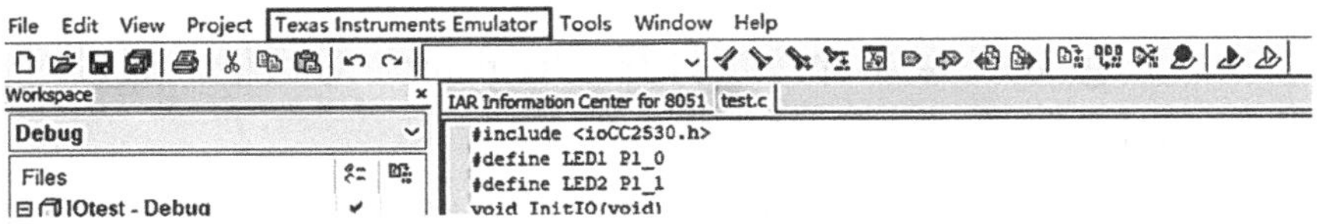

图 2-1-6　菜单栏中的“Texas Instruments Emulator”选项卡

如果没有以上选项卡，请根据图 1-2-17 重新设置，直到出现“Texas Instruments Emulator”选项卡为止。

按图 1-3-4 连接好 CC Debugger 仿真器，选择“Project”→“Download and Debug”菜单

命令、使用快捷键“Ctrl+D”或单击工具栏中的图标进入调试状态，开始下载程序，下载完成后，程序指针停在 main 函数的第一行，表明预备执行该行代码（只是预备，还没有开始执行），如图 2-1-7 所示。

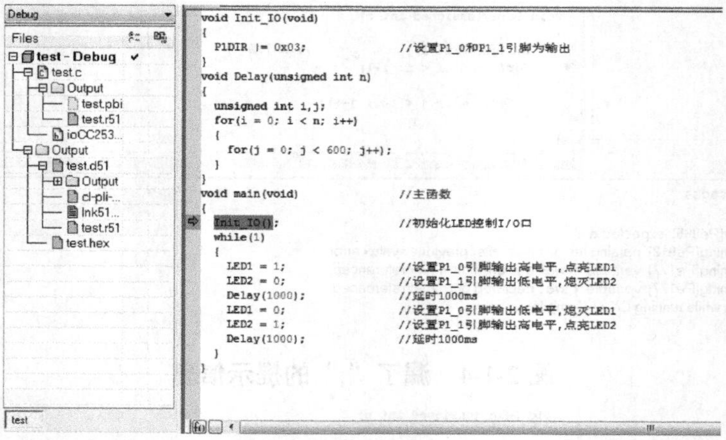

图 2-1-7　仿真调试界面的程序指针

> **温馨提示**
>
> 第一次下载程序前需要按下仿真器侧面的复位按钮，否则会导致下载错误。

（2）观察变量的值。

通过“Watch”对话框可以观察变量的值，以 LED1 和 LED2 为例，先选择“View”→“Watch”菜单命令，打开“Watch”对话框，如图 2-1-8 所示。

在“Watch”对话框中输入 LED1 和 LED2，输入完成之后如图 2-1-9 所示。

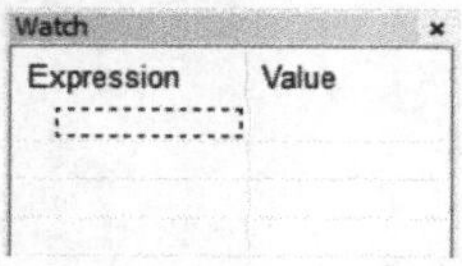

图 2-1-8　“Watch”对话框

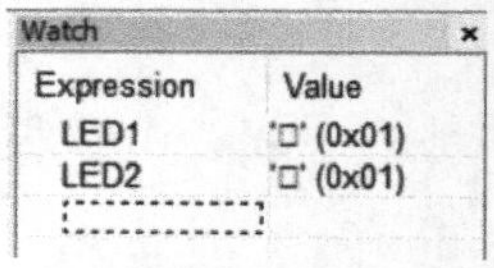

图 2-1-9　“Watch”对话框中 LED1 和 LED2 的值

分别操作逐行运行、跳入运行、跳出运行，观察程序指针的运行状态、“Watch”对话框中 LED1 和 LED2 值的变化及白板上 LED 的亮灭，验证值的变化与亮灭是否一一对应。

（3）观察寄存器的值。

选择“View”→“Register”菜单命令，打开“Register”对话框，通过对话框可以看到寄存器的值，如图 2-1-10 所示。

分别操作逐行运行、跳入运行、跳出运行，观察程序指针的运行状态，并且观察“Register”对话框中的值。

（4）断点。

先单击需要插入断点的语句，再单击工具栏中的图标插入断点，完成之后如图 2-1-11 所示。

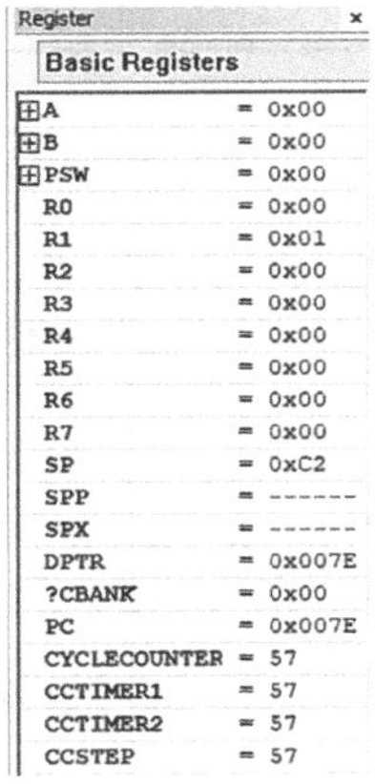
Register
Basic Registers
A = 0x00
B = 0x00
PSW = 0x00
R0 = 0x00
R1 = 0x01
R2 = 0x00
R3 = 0x00
R4 = 0x00
R5 = 0x00
R6 = 0x00
R7 = 0x00
SP = 0xC2
SPP = ------
SPX = ------
DPTR = 0x007E
?CBANK = 0x00
PC = 0x007E
CYCLECOUNTER = 57
CCTIMER1 = 57
CCTIMER2 = 57
CCSTEP = 57

图 2-1-10　“Register”对话框

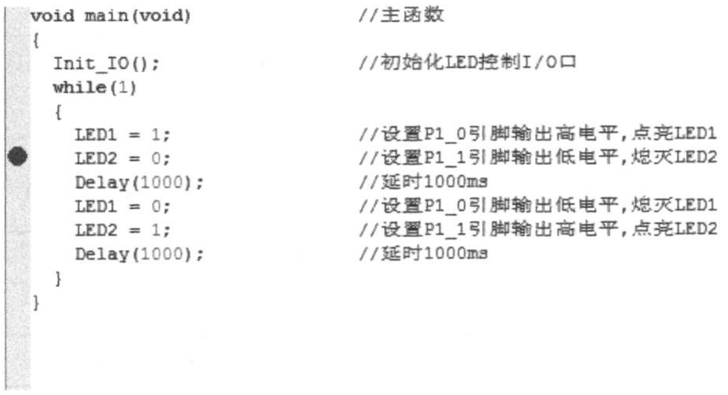
void main(void)　　//主函数
{
Init_IO();　　//初始化LED控制I/O口
while(1)
{
LED1 = 1;　　//设置P1_0引脚输出高电平，点亮LED1
LED2 = 0;　　//设置P1_1引脚输出低电平，熄灭LED2
Delay(1000);　　//延时1000ms
LED1 = 0;　　//设置P1_0引脚输出低电平，熄灭LED1
LED2 = 1;　　//设置P1_1引脚输出高电平，点亮LED2
Delay(1000);　　//延时1000ms
}
}

图 2-1-11　设置好的断点标志

如果需要取消断点，可以先单击需要取消的语句，再单击工具栏中的图标●取消断点。

全速运行程序，选择“Debug”→“Go”菜单命令、按 F5 键或单击调试工具栏中的图标，如果有断点，运行到断点处会自动停下，如果没有断点，程序将一直运行下去，观察白板上 LED 的亮灭。

（5）退出仿真调试模式。

选择“Debug”→“Stop Debugging”菜单命令、使用快捷键“Ctrl+Shift+D”或单击调试工具栏中的图标×。

仿真调试除了可以用于下载代码，还能分析代码执行过程中程序的状态，以及观察变量、寄存器、RAM 中的值和端口的状态等，有利于进行代码设计和分析等工作。

任务工单

本任务的任务工单如表 2-1-4 所示。

表 2-1-4　本任务的任务工单

第 2 单元　按键控制交通信号灯	任务 1　使用 CC2530 的 I/O 口
（一）本任务关键知识引导 1. 自增运算符记为“++”，其功能是使变量的值（　　）；自减运算符记为“--”，其功能是使变量的值（　　）。 2. 二进制数使用时必须以（　　）开头，八进制数使用时必须以（　　）开头，十六进制数使用时必须以（　　）开头。 3. 十六进制数 0x6D 转换为二进制数为（　　　　）。 4. ++i 表示 i 自增 1 后再参与（　　）；i++表示参与（　　）后 i 的值再自增 1。 5. C 语言中的整数可以使用（　　）进制数、（　　）进制数、八进制数和（　　）进制数表示。 6. 在 C 语言中，某些位清 0 而不影响其他位，可以使用位与（　　）运算符实现，某些位置 1 而不影响其他位，可以使用位或（　　）运算符实现。 7. CC2530 共有（　　）个引脚，可以作为通用 I/O 口的共有（　　）个。 8. CC2530 中输出电流为 20mA 的 I/O 口为（　　　）和（　　　）。 9. 在单片机内部有一些具有特殊功能的存储单元，统称为特殊功能寄存器，英文简称为（　　）。 10. CC2530 的 P0 端口组的端口功能选择寄存器为（　　　），P1 端口组的端口传输方向寄存器（　　　）。 11. 选择“Project”→“（　　　　　　　　）”菜单命令，开始下载程序。	

续表

（二）任务检查与评价

序号	评价内容	评价标准	分值	得分
评价方式		可采用自评、互评、教师评价等方式		
说明		主要评价学生在学习过程中的操作技能、理论知识、学习态度、课堂表现、学习能力等		
1	知识运用（20%）	掌握相关理论知识，正确完成本任务关键知识的作答（20 分）	20 分	
2	专业技能（40%）	工程编译通过，LED 的指示功能正常（40 分）	40 分	
		工程编译通过，LED 的指示功能异常（30 分）		
		完成代码的输入，但工程编译没有通过（15 分）		
		打开工程错误或输入部分代码（5 分）		
3	核心素养（20%）	具有良好的自主学习、分析解决问题、帮助他人的能力，任务过程中有指导他人并解决他人问题的行为（20 分）	20 分	
		具有较好的学习能力和分析解决问题的能力，任务过程中无指导他人的行为（15 分）		
		具有主动学习并收集信息的能力，遇到问题能请教他人并得以解决（10 分）		
		不主动学习（0 分）		
4	职业素养（20%）	实验完成后，设备无损坏且摆放整齐，工位区域内保持整洁，无干扰课堂秩序的行为（20 分）	20 分	
		实验完成后，设备无损坏，无干扰课堂秩序的行为（15 分）		
		无干扰课堂秩序的行为（10 分）		
		干扰课堂秩序（0 分）		
		总得分		

任务小结

使用 CC2530 的 I/O 口的思维导图如图 2-1-12 所示。

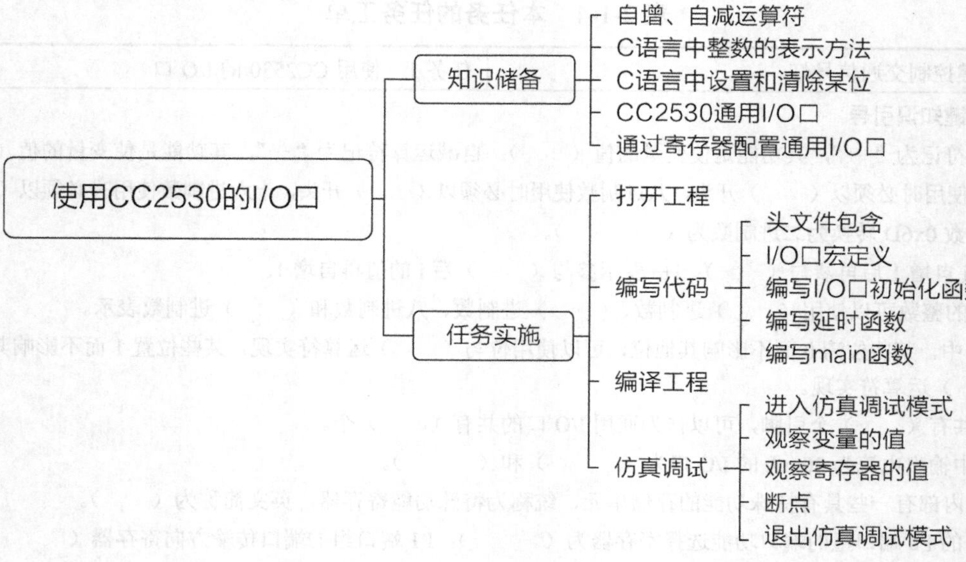

图 2-1-12　使用 CC2530 的 I/O 口的思维导图

知识与技能提升

动动脑

1．知识储备中介绍了 C 语言中整数的表示方法，在数学上 010 和 10 的值是相同的，但在 C 语言中，表达式 010 和 10 的前缀不一样，其表示的数值大小也是不一样的，为什么？

2．本任务代码中有一个延时函数，这个函数的功能是什么？如果没有这个函数，还能不能观察到外接的 LED 闪烁？为什么？

动动手

1．本任务的要求为两个 LED 交替闪烁，试着修改代码，改为两个 LED 同时闪烁，再重新编译链接之后，将生成的代码写到白板中测试一下效果。

2．进入仿真调试界面，观察“View”选项卡下的各功能。

延伸阅读

1．IAR 断点类型

设置断点的目的是在指定指令或者代码行中断程序的执行，有硬件断点和软件断点之分。常规的断点调试是在处理代码问题时，就在对应的代码位置设置断点，一旦运行到断点位置，程序会自动暂停运行，通过观察变量、寄存器、RAM 中的值等查找问题。

很多时候需要知道某段代码运行之后的状态，但又不能让程序停下来，如调试 ZigBee 协议栈时就不能单步运行，否则会打断 ZigBee 的通信时序；在中断处理函数调试时也不能停下，否则就会失去后续的中断响应；同一段循环体想运行一定次数后停下来等。对此 IAR 提供了代码断点、条件断点、读写访问权限的数据断点、数据日志断点和电源断点等。单击选中对应的语句，再单击鼠标右键，部分断点功能在快捷菜单中，如图 2-1-13 所示。

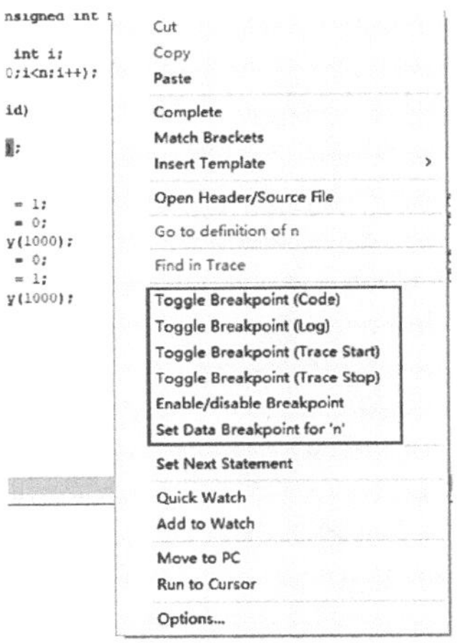

图 2-1-13　快捷菜单中的断点类型

还有部分断点需要进行条件设置，以设置循环次数断点为例，计划在延时函数中当 i 值为 4000 时停止运行，单击“View”→“Breakpoints”按钮打开断点调试界面，如图 2-1-14 所示。

图 2-1-14　断点调试界面

在循环内需要观察的代码行处利用图标●设置断点，成功后会有断点标记，在断点调试界面中自动生成相关信息，如图 2-1-15 所示。

右击断点信息窗口中的断点，在弹出的快捷菜单中单击“Edit…”选项，如图 2-1-16 所示。

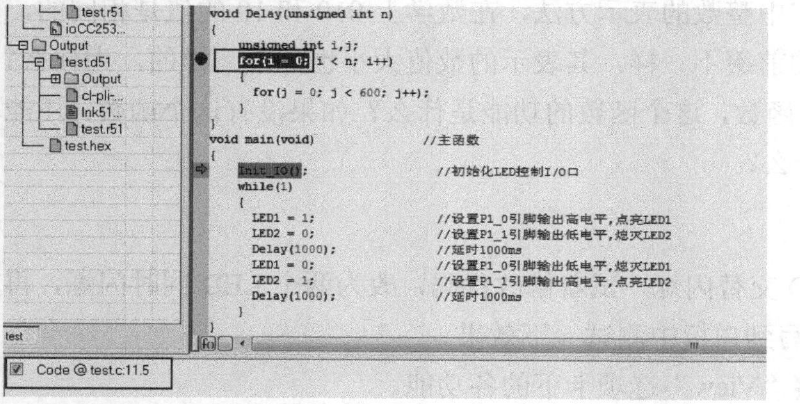

图 2-1-15　断点信息

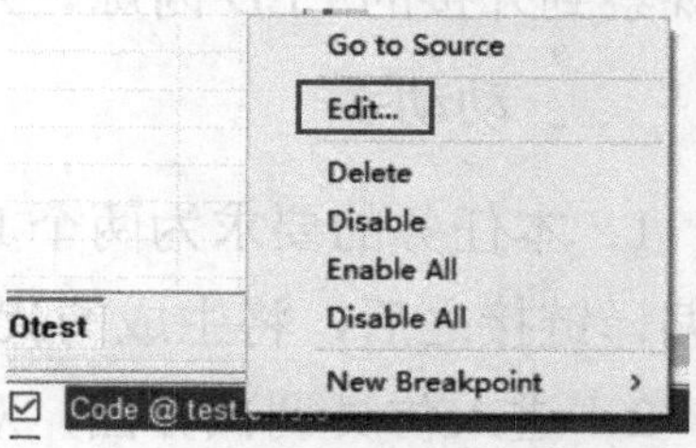

图 2-1-16　编辑断点参数

在“Edit Breakpoint”对话框“Conditions”选区的“Expression”文本框中设置好条件 i==4000，单击“确定”按钮，如图 2-1-17 所示。

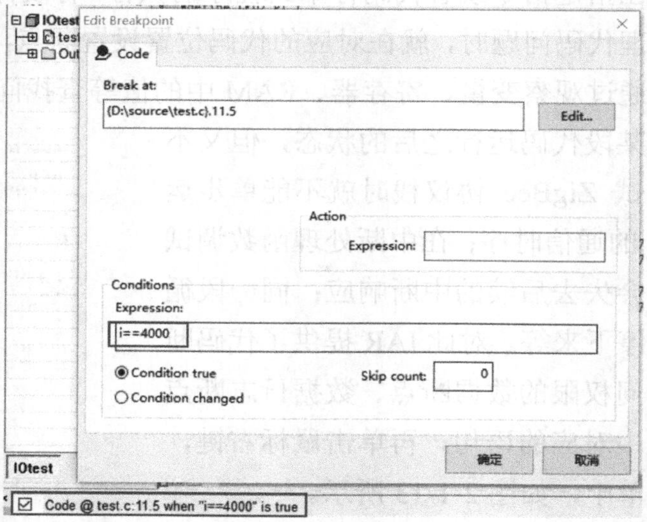

图 2-1-17　i 值为 4000 时的条件断点

2. 视觉暂留和 PWM 调光

视觉暂留现象又称为“余晖效应”，人眼在观察景物时，光信号传入大脑神经，需经过一段短暂的时间，光的作用结束后，大脑中的视觉形象并不立即消失，这种残留的视觉称为“后像”，视觉的这一现象被称为“视觉暂留”。

视觉暂留现象首先被我国运用，走马灯是有历史记载最早的视觉暂留现象的运用。正月十五元宵节，民间风俗要挂花灯，走马灯为其中的一种，其利用燃烧的热气推动灯旋转，这是我国民间彩灯一种独特的艺术形式。由于灯的各个面上都绘有古代武将骑马的图画，而灯转动时看起来好像几个人你追我赶，故名走马灯，如图 2-1-18 所示。

视觉暂留会使人的视觉产生重叠现象，使物体“变静为动”。例如下雨时，雨点一滴一滴落到地面上，它本身并不是连续的，但我们的感觉却是雨点仿佛是一条条连绵不断向下倾注的水线；电风扇转动时，每个扇叶仍是分开的，但我们却只看到一个圆盘的形状；黑暗中旋转的焰火，看起来就像一个火圈。

图 2-1-18　走马灯

手机显示屏中的 PWM 调光利用的就是视觉暂留现象。PWM 的意思为脉冲宽度调制，通过周期性地点亮、熄灭屏幕来调节屏幕的亮度，其调光原理如图 2-1-19 所示。

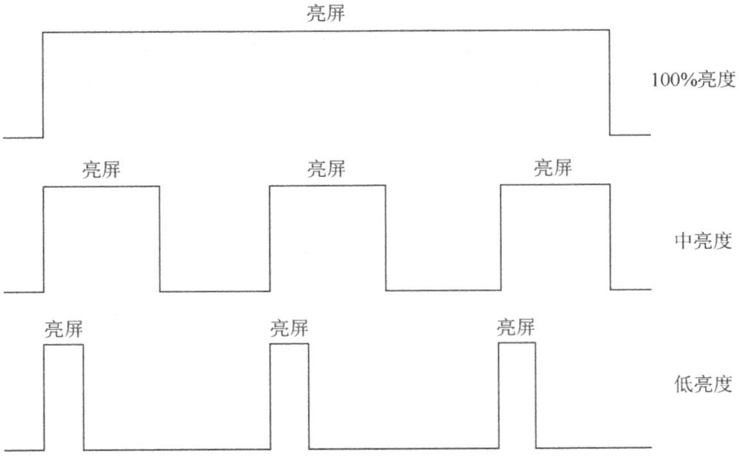

图 2-1-19　PWM 调光原理

根据图 2-1-19 我们可以发现，亮、灭虽然交替，但是里面亮的时间和灭的时间是不一样的，当亮的时间更长的时候，看到的屏幕亮度会比较高；当灭的时间更长的时候，看到的屏幕亮度会比较低。通过调节亮和灭在一个周期内所占的时间比例，就可以控制屏幕亮度。

任务 2　扫描方式按键控制交通信号灯

任务描述与任务分析

任务描述：

手动开关红灯。

模拟效果：

①黑板通电后，D6 红色 LED 点亮（红灯亮）。

②按一次SW1按键，D6红色LED熄灭（红灯灭）。

③再按一次SW1按键，D6红色LED点亮（红灯亮）。

④按键效果可循环。

任务分析：

以扫描方式进行SW1按键输入检测；每次操作按键，D6红色LED由亮变灭或由灭变亮。

建议学生带着以下问题进行本任务的学习和实践。

- 如何使用C语言中的if语句进行逻辑判断？
- 什么是机械按键？机械按键的工作原理是什么？
- 如何对I/O口进行输入配置并通过扫描方式读取I/O口状态？
- 如何解决按键操作的抖动问题？软件延时消抖如何实现？

知识储备

1. if语句

用if语句可以构成选择结构。它根据给定的条件进行判断，以决定执行哪个分支程序段。if语句有三种基本形式。

（1）基本形式if语句。

基本形式if语句格式如下：

```
if(表达式)
{
        语句组;
}
```

执行if语句时，首先判断表达式是否为真（1）或表达式是否成立，若表达式为真（1）或表达式成立则执行大括号内的语句组，执行完后跳出if语句，继续执行之后的内容；若表达式为假（0）或表达式不成立则不执行大括号内的语句组，直接跳出if语句，继续执行之后的内容。

（2）if...else语句。

if...else语句格式如下：

```
if(表达式)
{
        语句组1;
}
else
{
        语句组2;
}
```

执行if...else语句时，首先判断表达式是否为真（1）或表达式是否成立，若表达式为真

（1）或表达式成立则执行语句组 1，否则执行语句组 2；执行完语句组 1 或语句组 2 后跳出 if…else 语句，继续执行之后的内容。

（3）if…else if…形式语句。

if…else if…形式语句格式如下：

```
if(表达式 1)
{
        语句组 1;
}
else if(表达式 2)
{
        语句组 2;
}
......
else if(表达式 n)
{
        语句组 n;
}
else
{
        语句组 m;
}
```

① if…else if…形式语句用于完成对多个表达式进行逐一判断并执行，当前表达式为真（1）或表达式成立时则执行当下表达式对应的语句组，如表达式 1 对应语句组 1、表达式 2 对应语句组 2、……、表达式 n 对应语句组 n，然后跳出后面的 if…else if…语句，停止后续表达式判断。

② 当前表达式为假（0）或不成立时，则继续判断下一个表达式，直到最后一个表达式 n。

③ 执行到表达式 n 时，如果表达式 n 为真（1）或表达式 n 成立，则执行语句组 n，结束 if…else if…语句判断；如果表达式 n 为假（0）或表达式 n 不成立，则执行语句组 m，然后结束 if…else if…语句判断，这也说明表达式 1～表达式 n 均为假（0）或均不成立。

2. 按键的工作原理

（1）按键。

按键（轻触开关）利用两个金属弹片的吸合、断开实现电路的通路与开路。在进行按键选型时，除应考虑形状、尺寸外，还必须考虑按键的额定工作电压、额定工作电流、开关按压力量和使用寿命等参数。本任务使用的按键如图 2-2-1 所示。

（2）独立按键电路。

独立按键电路由按键直接与单片机输入 I/O 引脚相连而构成，白板和黑板对应的按键电路如图 2-2-2 所示。SW1 按键的其中一端接 P1_2 引脚，另外一端接地。CC2530 上的 P1_2 引脚经上拉电阻 R6 接 3.3V 电源，当按下 SW1 按键时，P1_2 引脚与地连接。

3. 输入端口模式

输入端口按其连接的外部电路不同，可以分为以下 3 种输入模式。

① 上拉模式：指单片机的引脚通过电阻连接电源，当该引脚外部设备无输入信号时，能够保证该引脚维持在稳定的高电平状态，单片机读取的该引脚电平值为“1”。

图 2-2-1　本任务使用的按键

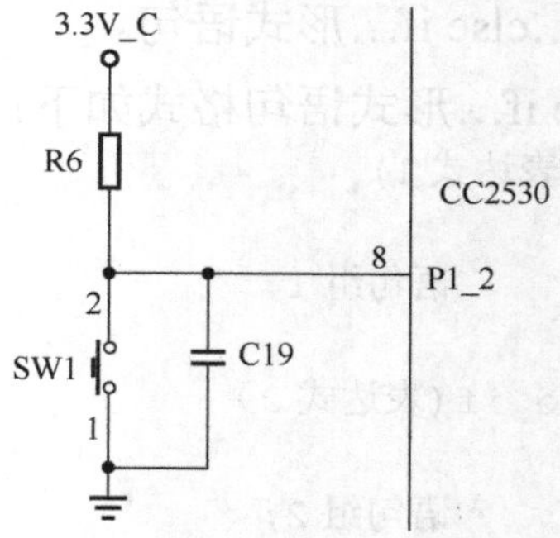

图 2-2-2　白板和黑板对应的按键电路

② 下拉模式：指单片机的引脚通过电阻连接地，当该引脚外部设备无输入信号时，能够保证该引脚维持在稳定的低电平状态，单片机读取的该引脚电平值为“0”。

③ 三态模式：单片机的引脚处于悬空状态，又称为高阻态，当该引脚外部设备无输入信号时，单片机读取的该引脚电平值将不确定，可能为“0”或“1”。

4．输入端口模式选择寄存器 PxINP

当 I/O 口被设置为输入时，通过设置 PxINP 将端口模式配置为上拉、下拉或三态模式，P0INP 寄存器、P1INP 寄存器、P2INP 寄存器的功能说明分别如表 2-2-1、表 2-2-2、表 2-2-3 所示。

表 2-2-1　P0INP 寄存器的功能说明

位	位名称	复位值	操作	功能说明
7:0	MDP0_[7:0]	0x00	R/W	设置 P0_7 到 P0_0 引脚的输入模式。 设置为 0：上拉/下拉模式（具体是上拉模式还是下拉模式，取决于 P2INP 寄存器的 PDUP0 位）。 设置为 1：三态模式

表 2-2-2　P1INP 寄存器的功能说明

位	位名称	复位值	操作	功能说明
7:2	MDP1_[7:2]	0000 00	R/W	设置 P1_7 到 P1_2 引脚的输入模式。 设置为 0：上拉/下拉模式（具体是上拉模式还是下拉模式，取决于 P2INP 寄存器的 PDUP1 位）。 设置为 1：三态模式
1:0	—	00	RO	保留

温馨提示

P1_0 和 P1_1 引脚作为输入 I/O 口时，默认处于三态模式，不能通过配置 P1INP 寄存器选择上拉/下拉模式，只能在外部硬件电路增加上拉或下拉电阻实现上拉或下拉模式。

表 2-2-3　P2INP 寄存器的功能说明

位	位名称	复位值	操作	功能说明
7	PDUP2	0	R/W	设置 P2 端口组所有引脚的上拉或下拉模式。 设置为 0：P2 端口组被设置为上拉模式。 设置为 1：P2 端口组被设置为下拉模式
6	PDUP1	0	R/W	设置 P1 端口组所有引脚的上拉或下拉模式。 设置为 0：P1 端口组被设置为上拉模式。 设置为 1：P1 端口组被设置为下拉模式
5	PDUP0	0	R/W	设置 P0 端口组所有引脚的上拉或下拉模式。 设置为 0：P0 端口组被设置为上拉模式。 设置为 1：P0 端口组被设置为下拉模式
4:0	MDP2_[4:0]	0 0000	R/W	设置 P2_4 到 P2_0 引脚的输入模式。 设置为 0：上拉/下拉模式（具体是上拉模式还是下拉模式，取决于 P2INP 寄存器的 PDUP2 位）。 设置为 1：三态模式

P0INP、P1INP、P2INP 寄存器的复位值为 0x00，即复位后 P0 端口组的所有输入 I/O 口、P1 端口组除 P1_0 和 P1_1 外的所有输入 I/O 口、P2 端口组的所有输入 I/O 口均默认为上拉模式。

I/O 口配置的思维导图如图 2-2-3 所示。

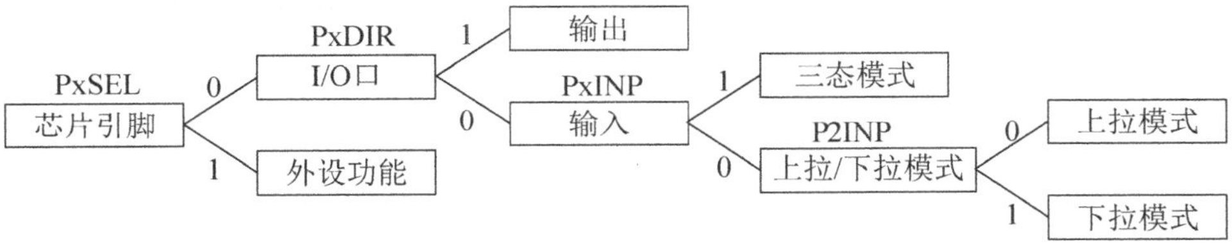

图 2-2-3　I/O 口配置的思维导图

配置代码举例：

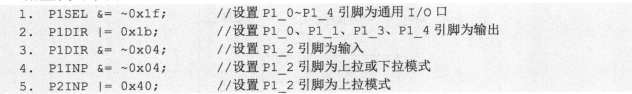

```
P1SEL &= ~0x1f;          //设置 P1_0~P1_4 引脚为通用 I/O 口
P1DIR |= 0x1b;           //设置 P1_0、P1_1、P1_3、P1_4 引脚为输出
P1DIR &= ~0x04;          //设置 P1_2 引脚为输入
P1INP &= ~0x04;          //设置 P1_2 引脚为上拉或下拉模式
P2INP |= 0x40;           //设置 P1_2 引脚为上拉模式
```

温馨提示

P0INP、P1INP、P2INP 寄存器的配置只对输入 I/O 口有效。

5. 按键消抖

按键被按下或松开时，由于机械弹性作用的影响，通常伴有一定时间的抖动，然后触点才稳定下来，如图 2-2-4 所示。

抖动时间的长短与按键的机械特性有关，一般为 5～10ms。在触点抖动期间，检测按键的通断状态，可能导致判断出错，如按键一次按下或松开被错误地认为是多次操作。

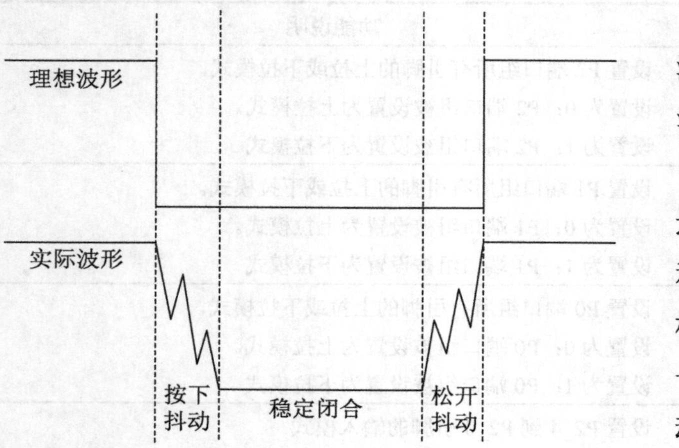

图 2-2-4　按键的波形

为了克服按键触点机械抖动导致的检测误判，可从硬件和软件两方面分别进行消抖。具体实现方式说明如下。

① 软件消抖：通过软件编程的方法来达到消除干扰抖动脉冲波的目的，原理为利用软件延时再次检测的方法进行消抖。检测到第一个电平变化后，通过软件延迟一段时间（软件延时长度要求大于机械抖动时间长度，通常在 10～20ms 之间）后，再次检测电平状态，两次相同即判断按键动作有效。

② 硬件消抖：通过外加电路来消除干扰抖动脉冲波，通常采用电容滤波、单稳延时电路等，最终实现需要稳定一定时间的电平变化，才能触发输出信号。所以，开始抖动部分的信号不会被输出。

使用软件消抖不需要修改硬件，也不增加成本，效果相当的同时还更灵活方便，所以工程应用中通常采用软件消抖，也有部分产品同时使用硬件和软件两种方法消抖。软件消抖流程图如图 2-2-5 所示。

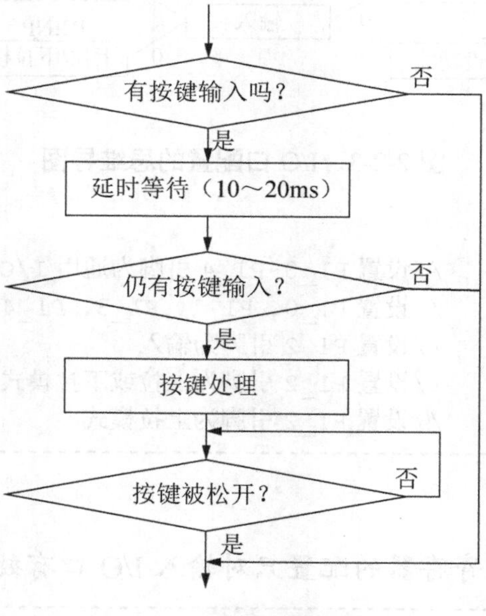

图 2-2-5　软件消抖流程图

任务实施

任务实施前必须先准备好设备和资源，如表 2-2-4 所示。

表 2-2-4　任务 2 需准备的设备和资源

序号	设备/资源名称	数量	是否准备到位
1	计算机（已安装好 IAR 软件）	1 台	
2	NEWLab 实训平台	1 套	
3	CC Debugger 仿真器	1 套	
4	白板	1 块	
5	黑板	1 块	

任务实施导航

具体实施流程如下。

1. 打开工程

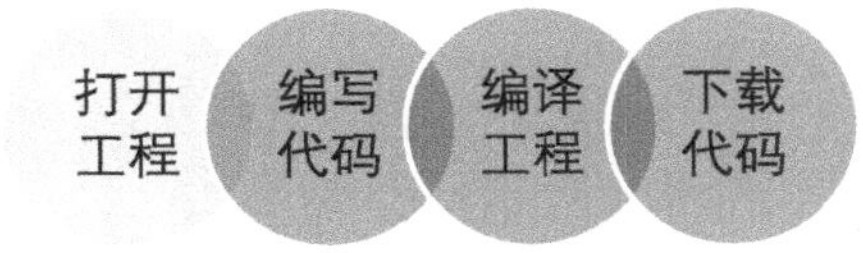

打开本书配套源代码文件夹中的“扫描方式按键控制交通信号灯.ewp”工程。

2. 编写代码

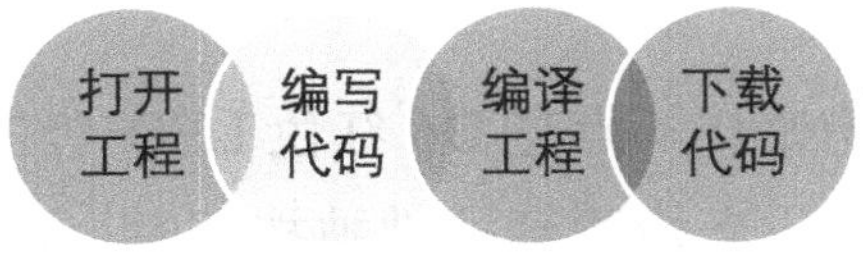

步骤 1：头文件包含。

```
#include <ioCC2530.h>
```

步骤 2：I/O 口宏定义。

在黑板中，LED 的连接电路如图 2-2-6 所示。本任务中只利用 D6 红色 LED 的亮、灭表示红灯状态。

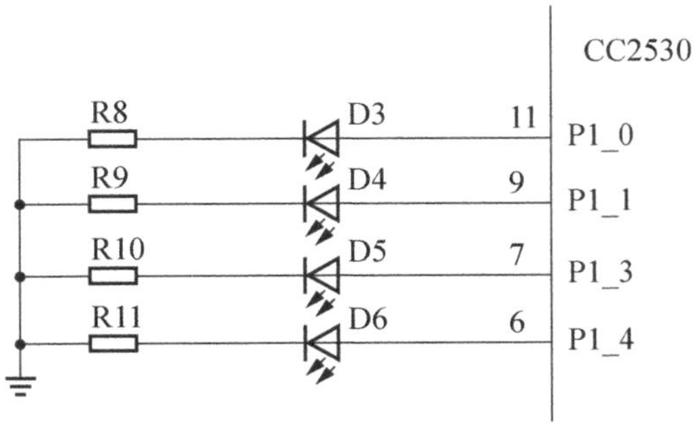

图 2-2-6　LED 的连接电路

本任务中的 I/O 口宏定义的参考代码如下：

```
#define  Led_red      P1_4   //P1_4 引脚宏定义
#define  SW1          P1_2   //P1_2 引脚宏定义
```

步骤 3：编写 I/O 口初始化函数。

本任务的 I/O 口初始化函数主要完成将 P1_2 和 P1_4 引脚设置为通用 I/O 口，将 P1_2 引脚设置为输入上拉模式，将 P1_4 引脚设置为输出，具体实现代码如下：

```
void InitIO(void)
{
        P1SEL &= ~0x14;        //设置 P1_2 和 P1_4 引脚为通用 I/O 口
        P1DIR |= 0x10;         //设置 P1_4 引脚为输出
        P1DIR &= ~0x04;        //设置 P1_2 引脚为输入
        P1INP &= ~0x04;        //设置 P1_2 引脚为上拉或下拉模式
        P2INP |= 0x40;         //设置 P1_2 引脚为上拉模式
}
```

步骤 4：编写延时函数。

```
void Delay(unsigned int n)
{
  unsigned int i,j;
  for(i=0;i<n;i++)
  {
    for(j=0;j<600;j++);
  }
}
```

该延时函数的输入参数为 n，对应的延迟时长为 n ms。

步骤 5：编写 main 函数。

main 函数主要完成 I/O 口初始化，点亮 D6 红色 LED（红灯亮），然后进入无限循环。在循环里不断对按键进行扫描检测，当检测到按键被按下时，D6 红色 LED 状态翻转，然后等待按键被松开，进入下一次按键按下检测。

在判断按键被按下的过程中，当读取到 P1_2 引脚的电平值为“0”时，先软件延时 10ms 消抖，然后再次读取 P1_2 引脚的电平值，若电平值仍为“0”，表示按键按下有效。当按键按下有效时，将 D6 红色 LED 状态翻转，即若 D6 红色 LED 处于点亮状态，则熄灭 D6 红色 LED；若 D6 红色 LED 处于熄灭状态，则点亮 D6 红色 LED；然后等待按键被松开，进入下一次按键按下检测。

main 函数的实现代码如下：

```
void main(void)
{
  InitIO();
  Led_red =1;                        //点亮 D6 红色 LED
  while(1)                           //无限循环
  {
    if(SW1==0)                       //读取 P1_2 引脚的电平值并判断电平值是否为“0”
    {
      Delay(10);                     //软件延时消抖 10ms
      if(SW1==0)                     //读取 P1_2 引脚的电平值并判断电平值是否为“0”
      {
```

```
            Led_red =~ Led_red;    //D6 红色 LED 状态翻转
            while(SW1==0);         //等待按键被松开
          }
        }
      }
    }
```

上述代码中，关系运算符“==”的两边都会有一个表达式，如变量、数值等，用于判断左右两边的表达式是否相等；其运算结果为一个逻辑值，即真（1）或假（0）；当左右两边的表达式相等时，其运算结果为真（1），反之为假（0）。

温馨提示

“==”是一个关系运算符，“=”是一个赋值运算符，编程时不要用错。

在以上代码中，应用了图 2-2-7 所示的知识点。

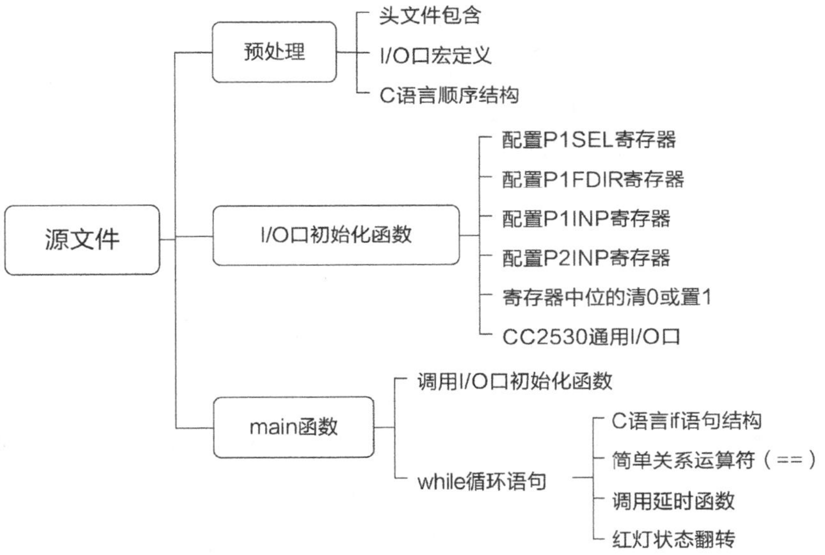

图 2-2-7　任务 2 代码中应用到的知识点

3. 编译工程

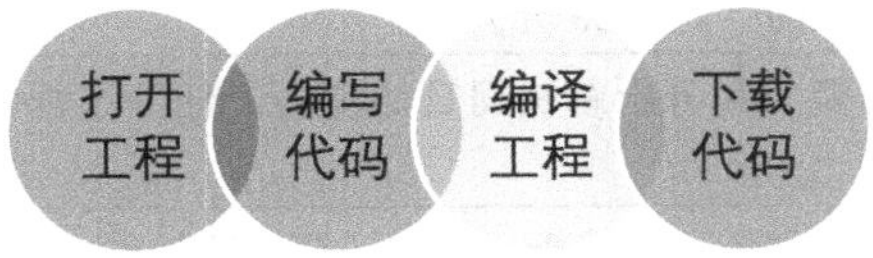

对工程进行编译，观察是否提示编译成功。如果出现错误或警告，需要认真检查修改，重新编译链接，直到没有错误和警告为止。

4. 下载代码

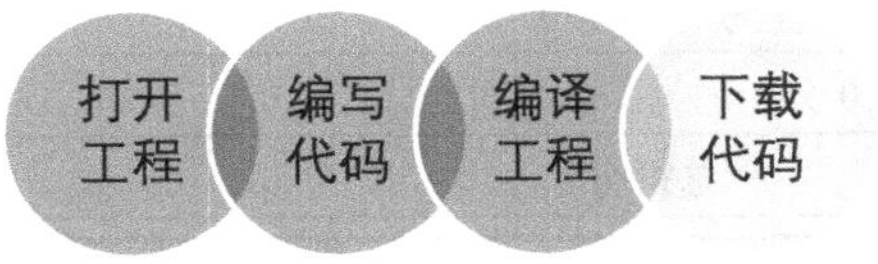

① 用 CC Debugger 仿真器的下载线连接黑板。

② 完成代码下载。

③ SW1 按键被松开时，观察 D6 红色 LED 状态是否翻转，即亮变灭或灭变亮。

任务工单

本任务的任务工单如表 2-2-5 所示。

表 2-2-5　任务 2 的任务工单

第 2 单元　按键控制交通信号灯	任务 2　扫描方式按键控制交通信号灯

（一）本任务关键知识引导

1. 关系运算符“==”的功能是判断“==”左右两边的表达式是否相等，当左右两边表达式相等时，其运算结果为（　　）；当左右两边表达式不相等时，其运算结果为（　　）。

2. C 语言的 if（　　　）语句，其中“表达式”的结果只能为（　　）或（　　）。

3. CC2530 输入 I/O 口可设置为（　　　）、（　　　）或（　　　）模式。

4. 若将 CC2530 输入 I/O 口设置为上拉模式，则当该引脚悬空时，所读取到的该引脚电平值为（　　）。

5. P0INP 寄存器的复位值为（　　），P1INP 寄存器的复位值为（　　），P2INP 寄存器的复位值为（　　），因此 P0_0 到 P0_7 引脚默认为（　　　）模式，P1_2 到 P1_7 引脚默认为（　　　）模式，P2_0 到 P2_4 引脚默认为（　　　）模式，其中（　　）和（　　）两个引脚默认为输入三态模式，不能通过软件设置为上拉/下拉模式。

6. 在独立按键电路中，当按键被按下时，所读取到的按键引脚电平值为（　　）；按键被松开时，所读取到的按键引脚电平值为（　　）。

7. 按键消抖的方法包括（　　　）和（　　　）。

（二）任务检查与评价

<table>
<tr><th colspan="2">评价方式</th><td colspan="3">可采用自评、互评、教师评价等方式</td></tr>
<tr><th colspan="2">说明</th><td colspan="3">主要评价学生在项目学习过程中的操作技能、理论知识、学习态度、课堂表现、学习能力等</td></tr>
<tr><th>序号</th><th>评价内容</th><th>评价标准</th><th>分值</th><th>得分</th></tr>
<tr><td>1</td><td>知识运用（20%）</td><td>掌握相关理论知识，正确完成本任务关键知识的作答（20 分）</td><td>20 分</td><td></td></tr>
<tr><td rowspan="4">2</td><td rowspan="4">专业技能（40%）</td><td>工程编译通过，SW1 按键被按下时，D6 红色 LED 状态翻转正常（40 分）</td><td rowspan="4">40 分</td><td rowspan="4"></td></tr>
<tr><td>工程编译通过，SW1 按键被按下时，D6 红色 LED 状态翻转异常（30 分）</td></tr>
<tr><td>完成代码的输入，但工程编译没有通过（15 分）</td></tr>
<tr><td>打开工程错误或输入部分代码（5 分）</td></tr>
<tr><td rowspan="4">3</td><td rowspan="4">核心素养（20%）</td><td>具有良好的自主学习、分析解决问题、帮助他人的能力，任务过程中有指导他人并解决他人问题的行为（20 分）</td><td rowspan="4">20 分</td><td rowspan="4"></td></tr>
<tr><td>具有较好的学习能力和分析解决问题的能力，任务过程中无指导他人的行为（15 分）</td></tr>
<tr><td>具有主动学习并收集信息的能力，遇到问题能请教他人并得以解决（10 分）</td></tr>
<tr><td>不主动学习（0 分）</td></tr>
<tr><td rowspan="4">4</td><td rowspan="4">职业素养（20%）</td><td>实验完成后，设备无损坏且摆放整齐，工位区域内保持整洁，无干扰课堂秩序的行为（20 分）</td><td rowspan="4">20 分</td><td rowspan="4"></td></tr>
<tr><td>实验完成后，设备无损坏，无干扰课堂秩序的行为（15 分）</td></tr>
<tr><td>无干扰课堂秩序的行为（10 分）</td></tr>
<tr><td>干扰课堂秩序（0 分）</td></tr>
<tr><td colspan="4">总得分</td><td></td></tr>
</table>

任务小结

扫描方式按键控制交通信号灯的思维导图如图 2-2-8 所示。

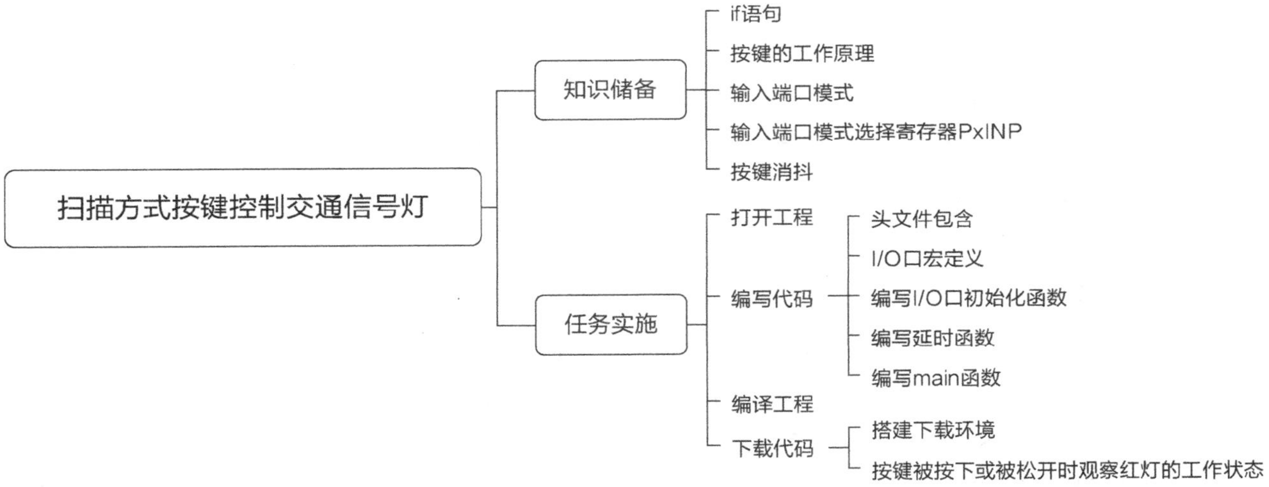

图 2-2-8　扫描方式按键控制交通信号灯的思维导图

知识与技能提升

动动脑

当检测到 SW1 按键引脚为低电平时，立刻执行延时函数，共延迟多长时间？在这段时间内，CPU 只做了什么事情？这么做对 CPU 的执行效率而言会不会浪费？

动动手

本任务在确认按键被按下时立刻将 D6 红色 LED 状态翻转，而在有些工业应用场合，为了避免干扰引起的误动作，常采用按键被松开时才执行动作。请在本任务代码的基础上尝试修改，实现按键被松开时立刻将 D6 红色 LED 状态翻转。

拓展练习

计算机的鼠标有单击和双击操作，其中双击操作要求在规定的时间内连续双击，请在本任务代码的基础上修改代码，实现在 1s 内检测到 SW1 按键的双击动作时，将 D6 红色 LED 的状态翻转。

具体实现方案参考如下。

（1）当检测到按键被按下时，启动一个计数器并将其值初始化为 1，立刻进入 for 循环语句，在 for 循环语句里调用延时函数，调整循环次数，使得循环次数乘以延迟时长为 1s。

（2）在 for 循环语句里也对按键状态进行检测，如果检测到一次按键松开和再按下动作，计数器值加 1，当计数器值为 2 时，将 D6 红色 LED 的状态翻转，退出 for 循环语句。

（3）当 for 循环语句结束或退出 for 循环语句时，等待 SW1 按键被松开，然后继续向后执行。

任务3 中断方式按键控制交通信号灯

任务描述与任务分析

任务描述：

手动开关绿灯。

模拟效果：

①黑板通电后，D5 绿色 LED 点亮（绿灯亮）。

②按一次 SW1 按键，D5 绿色 LED 熄灭（绿灯灭）。

③再按一次 SW1 按键，D5 绿色 LED 点亮（绿灯亮）。

④按键效果可循环。

任务分析：

以中断方式进行 SW1 按键输入检测；每次操作按键，D5 绿色 LED 由亮变灭或由灭变亮。

建议学生带着以下问题进行本任务的学习和实践。

- 什么是中断？什么是中断源？什么是中断向量？
- 如何编写中断服务函数？
- I/O 口输入如何触发中断？
- 以中断方式进行 SW1 按键输入检测的原理是什么？

知识储备

1. 中断的定义

在生活中经常会遇到这样的情况：正在书房看书时，突然客厅的电话响了，人们往往会暂停看书，转而去接电话，接完电话后又回书房接着看书。这种暂停当前工作，转而去做其他事，做完后返回暂停处继续往下执行的现象称为中断。

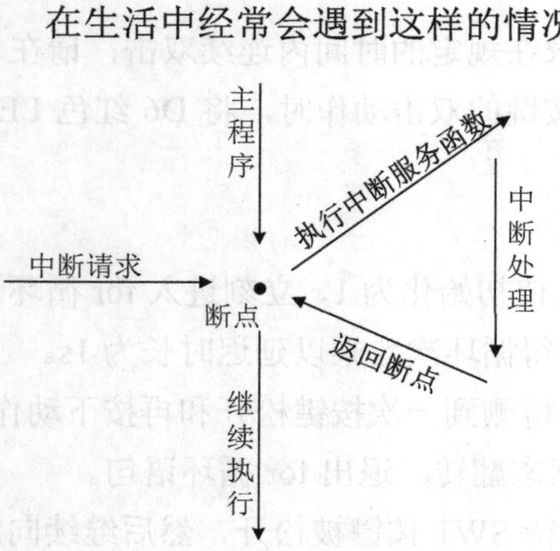

图 2-3-1 中断的执行过程

单片机也有类似的中断现象，当单片机正在执行 main 函数时，突然出现一个中断请求；在中断请求被允许的情况下，CPU 会暂停正在执行的程序，对中断请求做出响应并执行中断服务函数；中断处理完毕后返回暂停处继续往下执行，如图 2-3-1 所示。这个暂停的位置称为断点。

2. 中断源

能发出中断请求且引起中断的装置或事件称为中断源。

CC2530 共有 18 个不同类型的中断源，包括外部 I/O 口中断、定时器中断、串口发送和接收中断等。每个中断源都由一系列寄存器进行控制，且每个中断源对应一个中断，可以分别使能和控制。

3. 中断向量

中断源发出的中断请求被 CPU 检测到之后，如果允许响应中断，则 CPU 会自动转移，执行存储于某个固定程序空间地址的指令。这个固定程序空间的地址称为中断入口地址，也称为中断向量。

不同中断源有不同的中断入口地址，即不同的中断向量。CC2530 的 18 个中断源对应 18 个不同的中断向量，在头文件“ioCC2530.h”中已对这些中断向量进行宏定义，形成中断向量表。

当开启某一类型的中断源时，必须编写中断服务函数，并为中断服务函数指定中断向量，也就是提示 CPU 当这一类型的中断源触发时，将去执行哪一个中断服务函数。不同的中断源具有不同的中断服务函数。

本任务采用 P1_2 引脚连接 SW1 按键，对应 P1 端口组中断源，其中断入口地址为 0x7B，已在头文件“ioCC2530.h”中定义，具体如下：

```
#define  P1INT_VECTOR  VECT( 15, 0x7B )
```

温馨提示

在上述宏定义中，P1INT_VECTOR 等效于 0x7B 数值。

4. 中断服务函数

中断服务函数与一般自定义函数不同，有特定的书写格式，具体如下：

```
__interrupt void <函数名称> (void)
{
        /*开始编写代码*/
}
```

“__interrupt”关键字表示该函数是一个中断服务函数，“函数名称”可以自定义。但为了识别方便，“函数名称”通常与中断源相关联，如 P1 端口组的中断服务函数名称叫“P1_ISR”，定时器 1 的中断服务函数名称叫“T1_ISR”，串口 1 的中断服务函数名称叫“UART1_ISR”。函数体不能带有参数，也不能有返回值。

在每一个中断服务函数之前，都要加上下面这条宏指令用于指定该中断服务函数对应哪个中断向量，具体如下：

```
#pragma vector=<中断向量>
```

该语句有两种写法，可以直接将“中断向量”用具体数值表示，也可以用“ioCC2530.h”文件中的数值宏定义代替。例如，P1 端口组中断服务函数前面的宏指令如下：

```
1.  #pragma vector=0x7B
```

或

```
1.  #pragma vector=P1INT_VECTOR
```

0x7B是P1端口组中断源的中断入口地址，在头文件“ioCC2530.h”中已将数值0x7B宏定义为P1INT_VECTOR，也就是P1INT_VECTOR等效于0x7B数值。

温馨提示

“__”为两个下画线“_”，编写代码时要注意，不要写错。

5. 系统中断总开关

EA作为CC2530中断的总开关，可以控制单片机是否响应所有中断。EA置1表示使能系统中断总开关，EA置0表示关闭系统中断总开关。只有系统中断总开关使能且中断源触发中断的条件下，单片机才会暂停当下的主程序而去执行中断源对应的中断服务函数。

配置代码举例：

```
1.  EA=1;        //使能系统中断总开关
2.  EA=0;        //关闭系统中断总开关
```

温馨提示

EA置0后，全部中断都停止响应；当要屏蔽某一确定的中断源时，一定要专门屏蔽这一确定中断源的中断响应开关，而不是使用EA来屏蔽；只有需要关闭全部中断时才将EA置0。

6. 通用I/O口中断触发条件

CC2530的P0、P1和P2端口组中的每个通用I/O口都具有外部中断输入功能，在使用之前，需要完成以下设置。

（1）将通用I/O口设置为输入上拉模式。

通过对PxSEL寄存器、PxDIR寄存器、PxINP寄存器进行配置，将对应的I/O口设置为输入上拉模式。

（2）选择I/O口中断的触发方式。

通过对PICTL寄存器进行配置，分组选择I/O口为上升沿或下降沿中断触发。PICTL寄存器的功能说明如表2-3-1所示。

表2-3-1　PICTL寄存器的功能说明

位	位名称	复位值	操作	功能说明
7	PADSC	0	RO	控制I/O口在输出模式下的驱动能力，选择输出驱动能力来补偿引脚DVDD的低I/O电压（为了确保较低电压下的驱动能力和较高电压下的驱动能力相同）。 设置为0：最小驱动能力增强，DVDD1和DVDD2等于或大于2.6V。 设置为1：最大驱动能力增强，DVDD1和DVDD2小于2.6V

续表

位	位名称	复位值	操作	功能说明
6:4	—	000	RO	保留
3	P2ICON	0	R/W	P2 端口组的 P2_4～P2_0 引脚输入模式下的中断配置，该位为 P2 端口组的 P2_4～P2_0 引脚输入模式下的中断触发条件。 设置为 0：输入的上升沿引起中断。 设置为 1：输入的下降沿引起中断
2	P1ICONH	0	R/W	P1 端口组的 P1_7～P1_4 引脚输入模式下的中断配置，同上。 设置为 0：输入的上升沿引起中断。 设置为 1：输入的下降沿引起中断
1	P1ICONL	0	R/W	P1 端口组的 P1_3～P1_0 引脚输入模式下的中断配置，同上。 设置为 0：输入的上升沿引起中断。 设置为 1：输入的下降沿引起中断
0	P0ICON	0	R/W	P0 端口组的 P0_7～P0_0 引脚输入模式下的中断配置，同上。 设置为 0：输入的上升沿引起中断。 设置为 1：输入的下降沿引起中断

PICTL 寄存器的复位值为 0x00，即复位后 P0、P1、P2 端口组的所有引脚默认为上升沿中断触发。

配置代码举例：

```
1.  PICTL |= 0x02;     //设置 P1 端口组的 P1_3～P1_0 引脚为下降沿中断触发
```

（3）I/O 口的中断使能。

通过对 PxIEN 寄存器进行配置，将端口组对应的 I/O 口中断使能。PxIEN 寄存器的功能说明如表 2-3-2 所示。

表 2-3-2　PxIEN 寄存器的功能说明

位	位名称	复位值	操作	功能说明
7	PxIEN[7]	0	R/W	设置为 0：Px_7 中断禁止。 设置为 1：Px_7 中断使能
6	PxIEN[6]	0	R/W	设置为 0：Px_6 中断禁止。 设置为 1：Px_6 中断使能
5	PxIEN[5]	0	R/W	设置为 0：Px_5 中断禁止。 设置为 1：Px_5 中断使能
4	PxIEN[4]	0	R/W	设置为 0：Px_4 中断禁止。 设置为 1：Px_4 中断使能
3	PxIEN[3]	0	R/W	设置为 0：Px_3 中断禁止。 设置为 1：Px_3 中断使能
2	PxIEN[2]	0	R/W	设置为 0：Px_2 中断禁止。 设置为 1：Px_2 中断使能
1	PxIEN[1]	0	R/W	设置为 0：Px_1 中断禁止。 设置为 1：Px_1 中断使能
0	PxIEN[0]	0	R/W	设置为 0：Px_0 中断禁止。 设置为 1：Px_0 中断使能

表中的“x”指要使用的端口组编号，例如，要设置P1_2引脚中断使能，则选择P1IEN寄存器。PxIEN寄存器的复位值为0x00，即复位后各端口组内所有引脚中断禁止。

配置代码举例：

```
1.  P1IEN |= 0x04;    //使能 P1_2 引脚中断
```

（4）I/O口对应的端口组中断使能。

涉及P0端口组的引脚输入触发中断时，需要将P0端口组中断使能，即将IEN1寄存器的P0IE置1；涉及P1端口组的引脚输入触发中断时，需要将P1端口组中断使能，即将IEN2寄存器的P1IE置1；涉及P2端口组的引脚输入触发中断时，需要将P2端口组中断使能，即将IEN2寄存器的P2IE置1。IEN1寄存器和IEN2寄存器的功能说明分别如表2-3-3和表2-3-4所示。

表2-3-3　IEN1寄存器的功能说明

位	位名称	复位值	操作	功能说明
7:6	—	00	R0	不使用，读取出来为0
5	P0IE	0	R/W	P0端口组中断使能。 设置为0：中断禁止。 设置为1：中断使能
4	T4IE	0	R/W	定时器4中断使能。 设置为0：中断禁止。 设置为1：中断使能
3	T3IE	0	R/W	定时器3中断使能。 设置为0：中断禁止。 设置为1：中断使能
2	T2IE	0	R/W	定时器2中断使能。 设置为0：中断禁止。 设置为1：中断使能
1	T1IE	0	R/W	定时器1中断使能。 设置为0：中断禁止。 设置为1：中断使能
0	DMAIE	0	R/W	DMA传输中断使能。 设置为0：中断禁止。 设置为1：中断使能

IEN1寄存器的复位值为0x00，即复位后P0端口组中断禁止。

配置代码举例：

```
1.  IEN1 |= 0x20; //设置 P0 端口组中断使能
```

表2-3-4　IEN2寄存器的功能说明

位	位名称	复位值	操作	功能说明
7:6	—	00	RO	保留
5	WDTIE	0	R/W	看门狗定时器中断使能。 设置为0：禁止。 设置为1：使能

续表

位	位名称	复位值	操作	功能说明
4	P1IE	0	R/W	P1 端口组中断使能。 设置为 0：禁止。 设置为 1：使能
3	UTX1IE	0	R/W	串口 1 发送中断使能。 设置为 0：禁止。 设置为 1：使能
2	UTX0IE	0	R/W	串口 0 发送中断使能。 设置为 0：禁止。 设置为 1：使能
1	P2IE	0	R/W	P2 端口组中断使能。 设置为 0：禁止。 设置为 1：使能
0	RFIE	0	R/W	RF 一般中断使能。 设置为 0：禁止。 设置为 1：使能

IEN2 寄存器的复位值为 0x00，即复位后 P1 端口组、P2 端口组中断禁止。

配置代码举例：

```
1.  IEN2 |= 0x10; //设置P1端口组中断使能
```

（5）系统中断总开关使能。

前面 4 个条件配置完成后，最后还需要将系统中断总开关使能，即将 EA 置 1。

7. 通用 I/O 口中断处理流程

I/O 口触发中断时，引脚中断状态标志位及引脚所对应的端口组中断标志位将由硬件自动置 1。

当 P0 端口组的某个引脚触发中断时，P0IFG 寄存器中对应的引脚中断状态标志位和 IRCON 寄存器中的 P0 端口组中断标志位 P0IF 将被硬件自动置 1；当 P1 端口组的某个引脚触发中断时，P1IFG 寄存器中对应的引脚中断状态标志位和 IRCON2 寄存器中的 P1 端口组中断标志位 P1IF 将被硬件自动置 1；当 P2 端口组的某个引脚触发中断时，P2IFG 寄存器中对应的引脚中断状态标志位和 IRCON2 寄存器中的 P2 端口组中断标志位 P2IF 将被硬件自动置 1。当单片机检测到 P0IF、P1IF、P2IF 中的一个或多个同时为 1 时，将会调用通用 I/O 口中断服务函数。

PxIFG 寄存器、IRCON 寄存器及 IRCON2 寄存器的功能说明分别如表 2-3-5、表 2-3-6、表 2-3-7 所示。

表 2-3-5　PxIFG 寄存器的功能说明

位	位名称	复位值	操作	功能说明
7	PxIF[7]	0	R/W	Px_7 引脚中断状态标志位。 读取为 0：未发生中断。 读取为 1：发生中断

续表

位	位名称	复位值	操作	功能说明
6	PxIF[6]	0	R/W	Px_6 引脚中断状态标志位。 读取为 0：未发生中断。 读取为 1：发生中断
5	PxIF[5]	0	R/W	Px_5 引脚中断状态标志位。 读取为 0：未发生中断。 读取为 1：发生中断
4	PxIF[4]	0	R/W	Px_4 引脚中断状态标志位。 读取为 0：未发生中断。 读取为 1：发生中断
3	PxIF[3]	0	R/W	Px_3 引脚中断状态标志位。 读取为 0：未发生中断。 读取为 1：发生中断
2	PxIF[2]	0	R/W	Px_2 引脚中断状态标志位。 读取为 0：未发生中断。 读取为 1：发生中断
1	PxIF[1]	0	R/W	Px_1 引脚中断状态标志位。 读取为 0：未发生中断。 读取为 1：发生中断
0	PxIF[0]	0	R/W	Px_0 引脚中断状态标志位。 读取为 0：未发生中断。 读取为 1：发生中断

表 2-3-5 中的“x”指要使用的端口组编号，例如，要确认是不是 P1_2 引脚触发中断，则读取 P1IFG 寄存器的值。PxIFG 寄存器的复位值为 0x00，即复位后各端口组内所有引脚未发生中断。

配置代码举例：

```
1.  P1IFG &= ~(1<<2);              //清除 P1_2 引脚中断状态标志位
```

表 2-3-6　IRCON 寄存器的功能说明

位	位名称	复位值	操作	功能说明
7	STIF	0	R/W	睡眠定时器中断标志位。 读取为 0：无中断未决。 读取为 1：中断未决
6	—	0	R/W	必须写入 0，写入 1 总是使能中断源
5	P0IF	0	R/W	P0 端口组中断标志位。 读取为 0：无中断未决。 读取为 1：中断未决
4	T4IF	0	R/W	定时器 4 中断标志位。当定时器 4 中断发生时设为 1，当 CPU 指向中断向量服务例程时清除。 读取为 0：无中断未决。 读取为 1：中断未决

续表

位	位名称	复位值	操作	功能说明
3	T3IF	0	R/W	定时器 3 中断标志位。当定时器 3 中断发生时设为 1，当 CPU 指向中断向量服务例程时清除。 读取为 0：无中断未决。 读取为 1：中断未决
2	T2IF	0	R/W	定时器 2 中断标志位。当定时器 2 中断发生时设为 1，当 CPU 指向中断向量服务例程时清除。 读取为 0：无中断未决。 读取为 1：中断未决
1	T1IF	0	R/W	定时器 1 中断标志位。当定时器 1 中断发生时设为 1，当 CPU 指向中断向量服务例程时清除。 读取为 0：无中断未决。 读取为 1：中断未决
0	DMAIF	0	R/W	DMA 完成中断标志位。 读取为 0：无中断未决。 读取为 1：中断未决

IRCON 寄存器的复位值为 0x00，即复位后 P0 端口组无中断未决。

配置代码举例：

```
1.  IRCON &= ~(1<<5);       //清除 P0 端口组中断标志位
2.  IRCON &= ~(1<<1);       //清除定时器 1 中断标志位
3.  P0IF=0;                 //直接位操作清除 P0 端口组中断标志位
4.  T1IF=0;                 //直接位操作清除定时器 1 中断标志位
```

表 2-3-7　IRCON2 寄存器的功能说明

位	位名称	复位值	操作	功能说明
7:5	—	000	R/W	不使用，读取出来为 0
4	WDTIF	0	R/W	看门狗定时器中断标志位。 读取为 0：无中断未决。 读取为 1：中断未决
3	P1IF	0	R/W	P1 端口组中断标志位。 读取为 0：无中断未决。 读取为 1：中断未决
2	UTX1IF	0	R/W	UXART1 TX 中断标志位。 读取为 0：无中断未决。 读取为 1：中断未决
1	UTX0IF	0	R/W	UXART0 TX 中断标志位。 读取为 0：无中断未决。 读取为 1：中断未决
0	P2IF	0	R/W	P2 端口组中断标志位。 读取为 0：无中断未决。 读取为 1：中断未决

IRCON2 寄存器复位值为 0x00，即复位后 P1 端口组、P2 端口组无中断未决。

配置代码举例：

```
IRCON2 &= ~(1);    /        //清除 P2 端口组中断标志位
IRCON2 &= ~(1<<3);          //清除 P1 端口组中断标志位
P2IF=0;                     //直接位操作清除 P2 端口组中断标志位
P1IF=0;                     //直接位操作清除 P1 端口组中断标志位
```

8．通用 I/O 口中断服务函数

当 P0 端口组的 I/O 口触发中断时，P0 端口组中断标志位 P0IF 置 1，单片机执行 P0 端口组中断服务函数；当 P1 端口组的 I/O 口触发中断时，P1 端口组中断标志位 P1IF 置 1，单片机执行 P1 端口组中断服务函数；当 P2 端口组的 I/O 口触发中断时，P2 端口组中断标志位 P2IF 置 1，单片机执行 P2 端口组中断服务函数。

因此，针对不同端口组需要构建不同的端口组中断服务函数，并在端口组中断服务函数之前通过宏指令指向不同的中断向量。

P0 端口组中断服务函数配置代码举例：

```
#pragma vector=P0INT_VECTOR            //指向 P0 端口组中断向量
__interrupt void P0INT_ISR(void)       //定义 P0 端口组中断服务函数
{
    ……
}
```

P1 端口组中断服务函数配置代码举例：

```
#pragma vector=P1INT_VECTOR            //指向 P1 端口组中断向量
__interrupt void P1INT_ISR(void)       //定义 P1 端口组中断服务函数
{
    ……
}
```

P2 端口组中断服务函数配置代码举例：

```
#pragma vector=P2INT_VECTOR            //指向 P2 端口组中断向量
__interrupt void P2INT_ISR(void)       //定义 P2 端口组中断服务函数
{
    ……
}
```

同一端口组的不同引脚触发中断时，单片机都会执行该端口组中断服务函数。因此在端口组中断服务函数里，需要对端口组中已配置为具有中断触发功能的 I/O 口进行逐一判断、清除及执行相应的中断处理。端口组中断服务函数处理流程如下。

① 读取 PxIFG 寄存器的值，判断端口组中哪个引脚触发中断。

② 清除 PxIFG 寄存器中对应引脚的中断状态标志位，并根据对应引脚执行不同的中断处理。

③ 对端口组中已配置为具有中断触发功能的 I/O 口按照步骤①和②进行逐一判断、清除及执行相应的中断处理。

④ 清除端口组中断标志位 PxIF。

⑤ 中断返回。

假设 P1 端口组中 P1_0～P1_7 引脚都设置为具有中断触发功能，其端口组中断服务函数配置代码如下：

```
#pragma vector=P0INT_VECTOR                         //指向 P0 端口组中断向量
__interrupt void P0INT_ISR(void)                    //定义 P0 端口组中断服务函数
{
  if( (P1IFG & 0x01) == 0x01 )                      //判断是否为 P1_0 引脚触发中断
  {
    P1IFG &= ~0x01;                                 //清除 P1_0 引脚中断状态标志位
    //执行 P1_0 引脚对应的中断处理
  }
  if( (P1IFG & 0x02) == 0x02 )                      //判断是否为 P1_1 引脚触发中断
  {
    P1IFG &= ~0x02;                                 //清除 P1_1 引脚中断状态标志位
    //执行 P1_1 引脚对应的中断处理
  }
  if( (P1IFG & 0x04) == 0x04 )                      //判断是否为 P1_2 引脚触发中断
  {
    P1IFG &= ~0x04                                  //清除 P1_2 引脚中断状态标志位
    //执行 P1_2 引脚对应的中断处理
  }
  if( (P1IFG & 0x08) == 0x08 )                      //判断是否为 P1_3 引脚触发中断
  {
    P1IFG &= ~0x08;                                 //清除 P1_3 引脚中断状态标志位
    //执行 P1_3 引脚对应的中断处理
  }
  if( (P1IFG & 0x10 == 0x10 )                       //判断是否为 P1_4 引脚触发中断
  {
    P1IFG &= ~0x10                                  //清除 P1_4 引脚中断状态标志位
    //执行 P1_4 引脚对应的中断处理
  }
  if( (P1IFG & 0x20 == 0x20 )                       //判断是否为 P1_5 引脚触发中断
  {
    P1IFG &= ~0x20                                  //清除 P1_5 引脚中断状态标志位
    //执行 P1_5 引脚对应的中断处理
  }
  if( (P1IFG & 0x40 == 0x40 )                       //判断是否为 P1_6 引脚触发中断
  {
    P1IFG &= ~0x40                                  //清除 P1_6 引脚中断状态标志位
    //执行 P1_6 引脚对应的中断处理
  }
  if( (P1IFG & 0x80 == 0x80 )                       //判断是否为 P1_7 引脚触发中断
  {
    P1IFG &= ~0x80                                  //清除 P1_7 引脚中断状态标志位
    //执行 P1_7 引脚对应的中断处理
```

```
    }
    P1IF=0;                                   //清除 P1 端口组中断标志位
}
```

温馨提示

在P1端口组的中断服务函数中，当P1端口组的某些引脚没有中断触发功能时，则对应的引脚判断、清除及中断处理可以删除掉。本任务中，P1_2引脚连接SW1按键，当SW1按键被按下时触发中断执行动作，因此本任务中只需保留P1_2引脚的判断、清除及中断处理即可。

任务实施

任务实施前必须先准备好设备和资源，如表2-3-8所示。

表2-3-8　任务3需准备的设备和资源

序号	设备/资源名称	数量	是否准备到位
1	计算机（已安装好IAR软件）	1台	
2	NEWLab实训平台	1套	
3	CC Debugger仿真器	1套	
4	黑板	1块	

任务实施导航

具体实施流程如下。

1. 打开工程

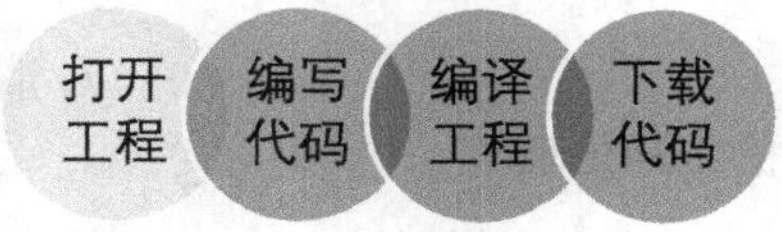

打开本书配套源代码文件夹中的“中断方式按键控制交通信号灯.ewp”工程。

2. 编写代码

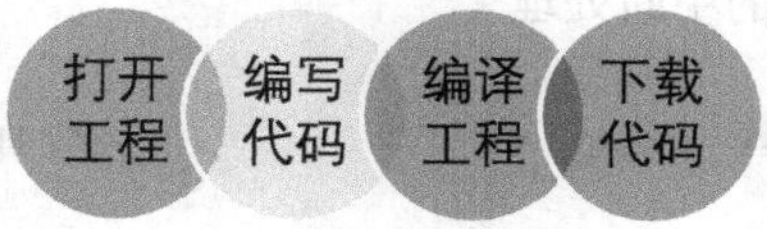

步骤1：头文件包含。

```
#include <ioCC2530.h>
```

步骤2：I/O口宏定义。

本任务选择SW1按键作为输入，D5绿色LED作为输出，其中SW1按键连接P1_2引脚，D5绿色LED连接P1_3引脚，两个引脚宏定义的参考代码如下：

```
#define  Led_green      P1_3   //P1_3 引脚宏定义
#define  SW1            P1_2   //P1_2 引脚宏定义
```

步骤 3：编写 I/O 口初始化函数。

本任务的 I/O 口初始化函数主要完成将 P1_2 和 P1_3 引脚设置为通用 I/O 口，将 P1_2 引脚设置为输入上拉模式，将 P1_3 引脚设置为输出，具体实现代码如下：

```
void InitIO(void)
{
    P1SEL &= ~0x0C;                //设置 P1_2 和 P1_3 引脚为通用 I/O 口
    P1DIR |= 0x08;                 //设置 P1_3 引脚为输出
    P1DIR &= ~0x04;                //设置 P1_2 引脚为输入
    P1INP &= ~0x04;                //设置 P1_2 引脚使用上拉或下拉模式
    P2INP &= ~0x40;                //设置 P1_2 引脚为上拉模式
}
```

步骤 4：编写延时函数。

```
void Delay(unsigned int n)
{
  unsigned int i,j;
  for(i=0;i<n;i++)
  {
    for(j=0;j<600;j++);
  }
}
```

该延时函数的输入参数为 n，对应的延时时长为 n ms。

步骤 5：编写按键中断初始化函数。

① 使能 P1 端口组中断。

② 使能 P1_2 引脚中断。

③ 设置 P1_2 引脚为下降沿触发中断。

④ 使能系统中断总开关。

```
Void InitKeyINT(void)       //按键中断初始化函数
{
   IEN2 |= 0x10;            //使能 P1 端口组中断
   P1IEN |= 0x04;           //使能 P1_2 引脚中断
   PICTL |= 0x02;           //设置 P1_2 引脚为下降沿触发中断
   EA=1;                    //使能系统中断总开关
}
```

步骤 6：编写按键中断服务函数。

```
#pragma vector=P1INT_VECTOR              //只要是 P1 端口组外部中断都会进入此程序
__interrupt void P1_ISR(void)
{
    if( (P1IFG & 0x04) == 0x04 )         //判断是否为 P1_2 引脚触发中断
    {
       Delay(10);                        //延时 10ms 软件消抖
       if( SW1==0 )                      //再次检测 SW1 按键是否被按下
       {
```

```
            Led_green = ~ Led_green ;    //D5 绿色 LED 状态翻转
            while(SW1==0);               //等待按键被松开
        }、
        P1IFG &= ~(1<<2);               //清除 P1_2 引脚中断状态标志位
    }
    P1IF=0; //清除 P1 端口组中断标志位
}
```

① 通过宏指令“#pragma vector= P1INT_VECTOR”指定 P1 端口组中断入口地址，该指令之后开始编写 P1 端口组中断服务函数。

② 用关键字“__interrupt”定义一个 P1 端口组中断服务函数“void P1_ISR(void)”，无输入参数和返回值。

③ 将 P1IFG 与 0x04 相与，相与的结果为 0x04 表示 SW1 按键触发中断，反之则不是。

④ 确认 SW1 按键被按下触发中断后，软件延时消抖，再次读取 SW1 按键对应的电平值，判断是否为 0；电平值为 0 表示当前按键按下有效，D5 绿色 LED 状态翻转，等待按键被松开；反之则表示按键动作无效。

⑤ 最后清除 P1IFG 寄存器中的 P1_2 引脚中断状态标志位 P1IFG.PxIF[2]和 P1 端口组中断标志位 P1IF，中断返回。

温馨提示

本任务为了实现与本单元任务 1 相似的功能，在中断服务函数中加入了软件延时消抖代码，而实际工程应用则要求中断处理过程要快进快出，通常 CPU 内部会集成硬件消抖功能，而不用在中断处理过程中通过软件延时消抖。

按键中断处理流程如图 2-3-2 所示。

步骤 7：编写 main 函数。

①调用 I/O 口初始化函数，完成 I/O 口输入、输出及上拉设置。

② 调用按键中断初始化函数，设置 P1_2 引脚下降沿触发中断、P1_2 引脚中断使能、P1 端口组中断使能、系统中断总开关使能。

③ 点亮 D5 绿色 LED。

④ 进入无限循环，等待按键触发中断。

```
void main(void)
{
    InitIO();            //调用 I/O 口初始化函数
    InitKeyINT();        //调用按键中断初始化函数
    Led_green =1;        //点亮 D5 绿色 LED
    while(1) ;           //进入循环工作
}
```

在本任务代码中，应用了图 2-3-3 所示的知识点。

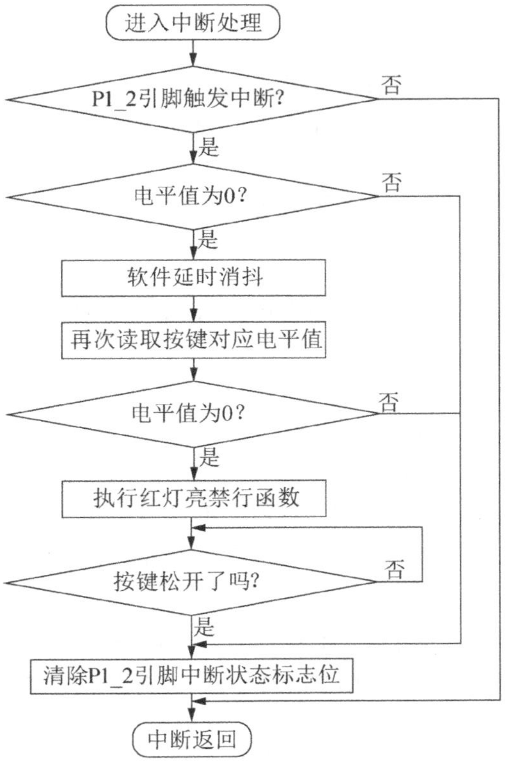

图 2-3-2　按键中断处理流程

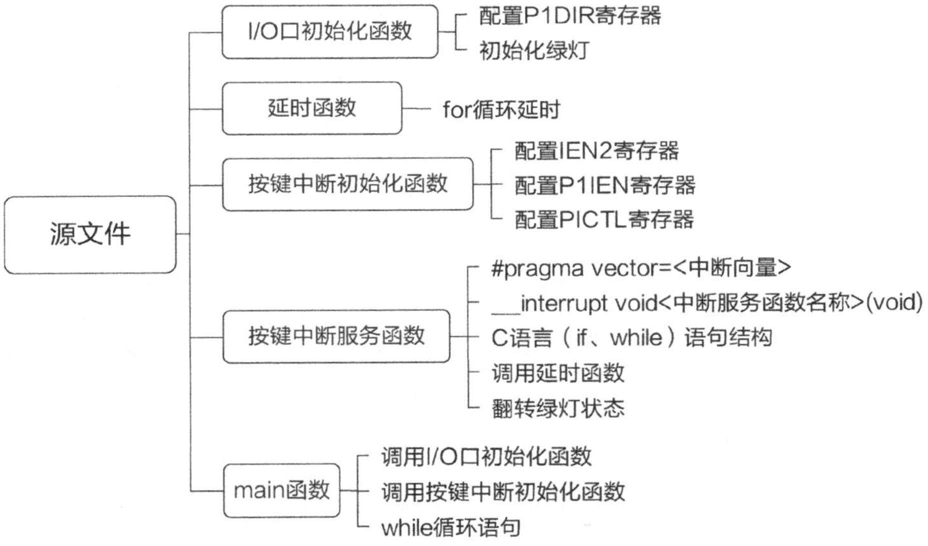

图 2-3-3　任务 3 代码中应用到的知识点

3．编译工程

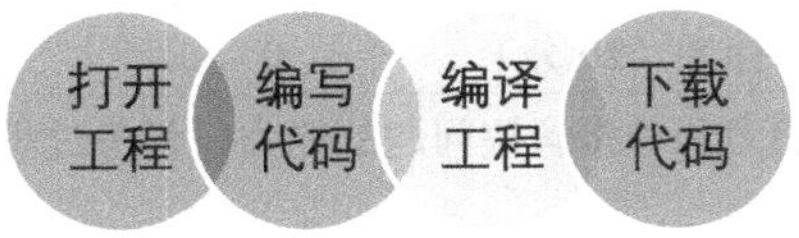

对工程进行编译，观察是否提示编译成功。如果出现错误或警告，需要认真检查修改，重新编译链接，直到没有错误和警告为止。

4. 下载代码

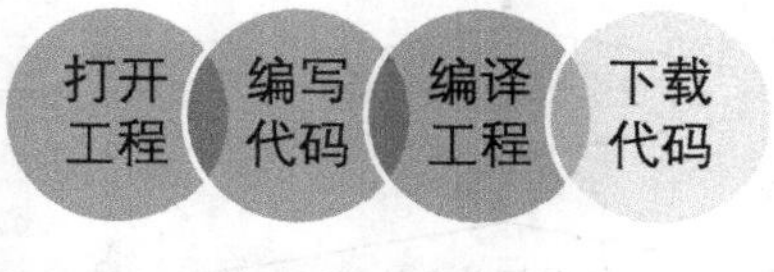

① 用 CC Debugger 仿真器的下载线连接黑板。

② 完成代码下载。

③ SW1 按键被松开时，观察 D5 绿色 LED 状态是否翻转，即亮变灭或灭变亮。

任务工单

本任务的任务工单如表 2-3-9 所示。

表 2-3-9 任务 3 的任务工单

第 2 单元 按键控制交通信号灯	任务 3 中断方式按键控制交通信号灯

（一）本任务关键知识引导

1．停止当前工作，转而去做其他工作，做完后又返回原来暂停处继续执行的现象称为（　　　）。

2．单片机正在执行主程序时，突然出现中断请求，需要停止当前正在执行的程序，转而去执行（　　　　　），通常把暂停的位置叫作（　　　）。

3．要让单片机的 CPU 暂停当下的程序转而去执行中断服务，需要向 CPU 发出（　　　　　），能发出中断请求、引起中断的装置或事件称为（　　　）。

4．“ioCC2530.h”文件中定义了（　　　　　），用来指定中断源的中断入口地址。

5．将 P1_2 引脚配置为输入上拉模式，需要对（　　　　）、（　　　　）、（　　　　）、（　　　　）四个寄存器进行配置。

6．I/O 引脚的中断触发方式包括（　　　　）和（　　　　）中断触发，（　　　　）寄存器用来配置 I/O 引脚的中断触发方式，（　　　　）寄存器用来配置 P1_2 引脚的中断使能，（　　）寄存器用来配置 P1 端口组的中断使能。

7．当 P1 端口组的某个引脚触发中断时，（　　）寄存器对应引脚的中断状态标志位和 P1 端口组中断标志位（　　　）都会被置（　　），在中断服务函数里，都需要通过软件将它们置（　　）。

8．EA 置（　　）后，全部中断都停止响应。

（二）任务检查与评价

<table>
<tr><th colspan="2">评价方式</th><td colspan="4">可采用自评、互评、教师评价等方式</td></tr>
<tr><th colspan="2">说明</th><td colspan="4">主要评价学生在学习过程中的操作技能、理论知识、学习态度、课堂表现、学习能力等</td></tr>
<tr><th>序号</th><th>评价内容</th><th>评价标准</th><th>分值</th><th>得分</th></tr>
<tr><td>1</td><td>知识运用（20%）</td><td>掌握相关理论知识，正确完成本任务关键知识的作答（20 分）</td><td>20 分</td><td></td></tr>
<tr><td rowspan="4">2</td><td rowspan="4">专业技能（40%）</td><td>工程编译通过，SW1 按键被按下时，D5 绿色 LED 状态翻转正常（40 分）</td><td rowspan="4">40 分</td><td rowspan="4"></td></tr>
<tr><td>工程编译通过，SW1 按键被按下时，D5 绿色 LED 状态翻转异常（30 分）</td></tr>
<tr><td>完成代码的输入，但工程编译没有通过（15 分）</td></tr>
<tr><td>打开工程错误或输入部分代码（5 分）</td></tr>
<tr><td rowspan="4">3</td><td rowspan="4">核心素养（20%）</td><td>具有良好的自主学习、分析解决问题、帮助他人的能力，任务过程中有指导他人并解决他人问题的行为（20 分）</td><td rowspan="4">20 分</td><td rowspan="4"></td></tr>
<tr><td>具有较好的学习能力和分析解决问题的能力，任务过程中无指导他人的行为（15 分）</td></tr>
<tr><td>具有主动学习并收集信息的能力，遇到问题能请教他人并得以解决（10 分）</td></tr>
<tr><td>不主动学习（0 分）</td></tr>
</table>

续表

续表

序号	评价内容	评价标准	分值	得分
4	职业素养（20%）	实验完成后，设备无损坏且摆放整齐，工位区域内保持整洁，无干扰课堂秩序的行为（20 分）	20 分	
		实验完成后，设备无损坏，无干扰课堂秩序的行为（15 分）		
		无干扰课堂秩序的行为（10 分）		
		干扰课堂秩序（0 分）		
总得分				

任务小结

中断方式按键控制交通信号灯的思维导图如图 2-3-4 所示。

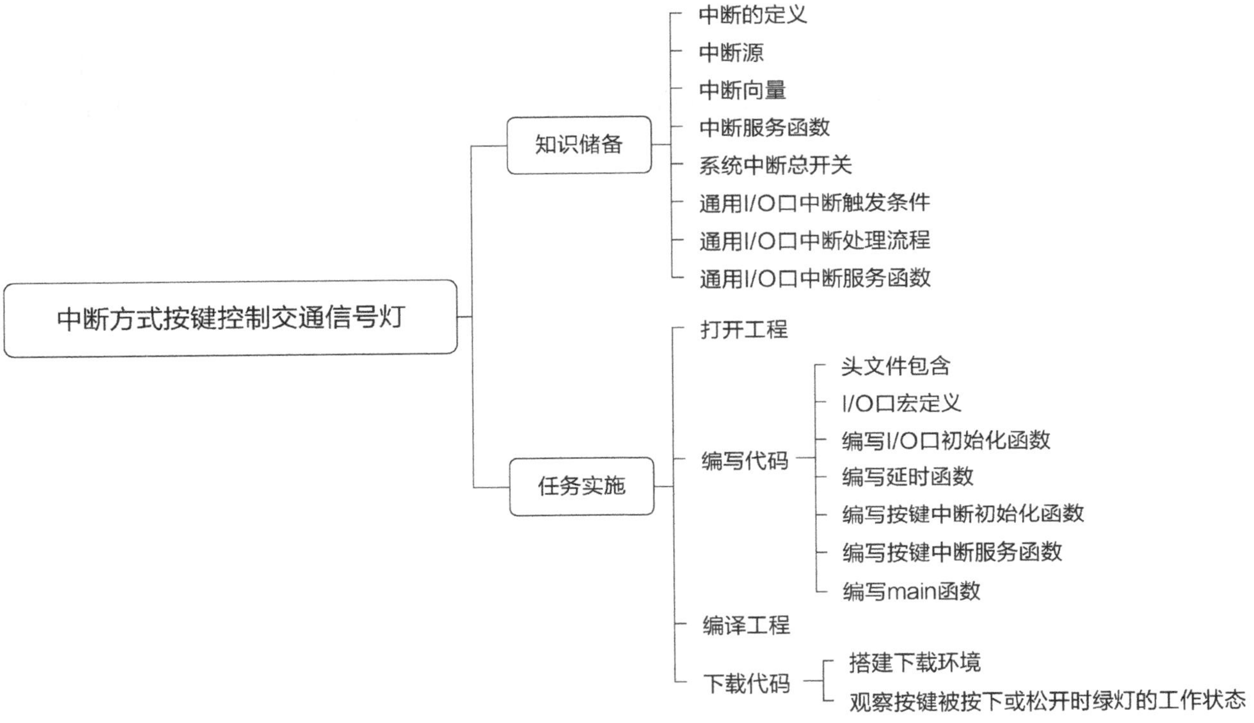

图 2-3-4　中断方式按键控制交通信号灯的思维导图

知识与技能提升

动动脑

思考：中断服务函数执行时间的长短对整个任务的性能是否有影响？本任务在中断服务函数里采用延时函数是否合理？

动动手

请在本任务代码的基础上进行修改，使常态下 D5 绿色 LED 处于点亮状态，SW1 按键被按下时，D5 绿色 LED 处于熄灭状态；SW1 按键被松开时，D5 绿色 LED 又恢复为点亮状态。

拓展练习

有些工业生产应用场合，需要长按按键达到一定时间才执行动作，请在本任务代码的基础上进行修改，实现 SW1 按键长按 1s 以上才执行 D5 绿色 LED 状态翻转。

具体实现方案参考如下。

① 启动一计数器，将其值初始化为 0。

② SW1 按键被按下时，CPU 执行按键中断服务函数。

③ 在中断服务函数里，通过延时函数延时 10ms，每 10ms 对 SW1 按键的状态进行检测，如果检测到 SW1 按键保持按下，计数器的值加 1；如果检测到 SW1 按键被松开，计数器清 0 并退出中断服务函数。

④ 计数器的值每次加 1 后，都对计数器进行数值判断，当计数器的值大于 100 时，表示 SW1 按键已长按超过 1s，执行 D5 绿色 LDE 状态翻转，计数器清 0 并进入无限循环，等待 SW1 按键被松开；待 SW1 按键被松开后退出中断服务函数。

第3单元

定时器1控制交通信号灯

学习目标

1. 职业知识目标

掌握定时器1在自由运行模式、模模式、正/倒计数模式下的计数过程。

掌握定时器1在自由运行模式、模模式、正/倒计数模式下相关寄存器的设置方法。

掌握定时器1在自由运行模式、模模式、正/倒计数模式下的中断触发过程。

掌握定时器1在自由运行模式、模模式、正/倒计数模式下定时中断周期的计算方法。

掌握定时器1在自由运行模式、模模式、正/倒计数模式下控制交通信号灯开关的方法。

2. 职业能力目标

能对定时器1在自由运行模式、模模式、正/倒计数模式下相关寄存器进行设置。

能对定时器1在自由运行模式、模模式、正/倒计数模式下的中断使能进行配置。

能根据定时长短在自由运行模式、模模式、正/倒计数模式下计算定时中断的次数。

能使用定时器1在自由运行模式、模模式、正/倒计数模式下控制交通信号灯的开关。

3. 职业素养目标

通过严谨的开发流程和正确的编程思路培养勤于思考和认真做事的良好习惯。

通过互相帮助、共同学习并达成目标培养团队协作能力。

通过讲述、说明、回答问题和相互交流提升自我展示能力。

通过利用书籍或网络上的资料解决实际问题培养自我学习能力。

通过完成学习任务养成爱岗敬业、遵守职业道德规范、诚实守信的良好品质。

任务1 定时器1自由运行模式控制交通信号灯

任务描述与任务分析

任务描述:
绿灯闪烁。
模拟效果:
①黑板通电后，D5绿色LED点亮（绿灯亮），延时1s。
②1s到，D5绿色LED熄灭（绿灯灭），延时1s。
③1s到，D5绿色LED点亮（绿灯亮），延时1s。
④LED效果可循环。
任务分析:
定时器1在自由运行模式下实现定时输出控制。
建议学生带着以下问题进行本任务的学习和实践。
- 什么是系统时钟和定时器时钟？它们的时钟频率如何配置？
- 定时器1在自由运行模式下如何工作？
- 在自由运行模式下，定时器1的中断周期如何计算？
- 在自由运行模式下，定时器1的中断如何触发？
- 根据定时器1的中断周期，如何计算1s所需要的定时中断次数？
- 如何编写定时器1的中断服务函数？
- 如何定义全局变量？它与局部变量有何不同？

知识储备

1. 系统时钟

单片机在工作时需要一个稳定的时钟，这个时钟叫作系统时钟。系统时钟有两个作用：其一是确定机器周期，统一工作步调；其二是确定单片机的执行效率。系统时钟的频率越高，对应的系统时钟周期越短，单片机的执行效率越高。不同的单片机对系统时钟频率的要求不一样。

2. CC2530的系统时钟

CC2530的时钟源可以选择内部16MHz的RC振荡器或外部32MHz的晶体振荡器。RC振荡器由电阻、电容组成，能耗低、成本低，但容易受温度等因素影响，振荡频率会有误差；

晶体振荡器的频率一般比较稳定，但晶体振荡器通常还要接两个 15～33pF 的起振电容，成本稍高。环境温度易变化且对时钟周期精度要求较高的应用场合，通常选用晶体振荡器作为单片机的时钟源。

单片机复位后，可以通过软件配置 CLKCONCMD 寄存器决定时钟源频率、系统时钟频率、定时器标记输出时钟信号的频率。软件配置时，通常设置系统时钟频率和定时器标记输出时钟信号的频率都不能大于时钟源频率。当设置的系统时钟频率或定时器标记输出时钟信号的频率大于时钟源频率时，则实际系统时钟频率或定时器标记输出时钟信号的频率为时钟源频率。CLKCONCMD 寄存器的功能说明如表 3-1-1 所示。

表 3-1-1　CLKCONCMD 寄存器的功能说明

位	位名称	复位值	操作	功能说明
7	OSC32K	1	R/W	32kHz 时钟振荡器选择，设置该位只能发起一个时钟源改变。要改变该位，必须选择 16MHz 内部高频 RC 振荡器作为时钟源。 0：32kHz XOSC；　1：32kHz RCOSC
6	OSC	1	R/W	时钟源选择，设置该位只能发起一个时钟源改变。 0：32MHz XOSC；　1：16MHz RCOSC
5:3	TICKSPD[2:0]	001	R/W	定时器标记输出时钟信号的频率设置，不能高于通过 OSC 位设置的系统时钟频率。 000：32 MHz；　001：16 MHz； 010：8MHz；　011：4MHz； 100：2MHz；　101：1MHz； 110：500kHz；　111：250kHz。 注：CLKCONCMD.TICKSPD 可以设置为任意值，但是结果受 CLKCONCMD.OSC 设置的限制，即如果 CLKCONCMD.OSC=1 且 CLKCONCMD.TICKSPD=000，则 CLKCONCMD.TICKSPD 读出为 001 且实际 TICKSPD 是 16 MHz
2:0	CLKSPD	001	R/W	系统时钟频率，不能高于通过 OSC 位设置的系统时钟频率，标识当前系统时钟频率。 000：32MHz；　001：16MHz； 010：8MHz；　011：4MHz； 100：2MHz；　101：1MHz； 110：500kHz；　111：250kHz。 注：CLKCONCMD.CLKSPD 可以设置为任意值，但是结果受 CLKCONCMD.OSC 设置的限制，即如果 CLKCONCMD.OSC=1 且 CLKCONCMD.CLKSPD=000，则 CLKCONCMD.CLKSPD 读出为 001 且实际 CLKSPD 是 16 MHz

当选择外部 32MHz 的晶体振荡器作为时钟源时，由于外部晶体振荡器的启动需要一定的时间，因此配置 CLKCONCMD 寄存器选择外部 32MHz 的晶体振荡器之后，软件上需要先不断读取 CLKCONSTA 寄存器，获取当前系统时钟频率的实际大小，等待系统时钟频率稳定为 32MHz 后再继续往后执行。CLKCONSTA 寄存器的功能说明如表 3-1-2 所示。

表 3-1-2 CLKCONSTA 寄存器的功能说明

位	位名称	复位值	操作	功能说明
7	OSC32K	1	R	当前选择的 32 kHz 时钟源。 0：32kHz XOSC；　1：32kHz RCOSC
6	OSC	1	R	当前选择的系统时钟源。 0：32MHz XOSC；　1：16MHz RCOSC
5:3	TICKSPD[2:0]	001	R	当前设定的定时器标记输出时钟信号的频率。 000：32MHz；　001：16MHz； 010：8MHz；　011：4MHz； 100：2MHz；　101：1MHz； 110：500kHz；　111：250kHz
2:0	CLKSPD	001	R	当前设定的系统时钟频率。 000：32MHz；　001：16MHz； 010：8MHz；　011：4MHz； 100：2MHz；　101：1MHz； 110：500kHz；　111：250kHz

本任务采用 CC2530 复位后的默认配置，即将内部 16MHz 的 RC 振荡器作为时钟源，且系统时钟频率和定时器标记输出时钟信号的频率均为 16MHz。

3. 分频

分频是指将单一频率信号的频率降低为原来的 1/*N*，也叫 *N* 分频。这里的 *N* 通常是 2 的 *n* 次幂，*n* 取整数。例如频率变为原来的二分之一，就叫 2 分频；频率变为原来的四分之一，就叫 4 分频；频率变为原来的八分之一，就叫 8 分频；频率变为原来的十六分之一，就叫 16 分频。经过分频之后，时钟的频率会下降，对应的时钟周期会增长。

4. CC2530 的定时器

定时器是一种能够对内部时钟信号进行计数的控制器，我们把这个内部时钟称作定时器时钟。定时器时钟可以通过配置 T1CTL 寄存器对定时器标记输出时钟信号进行分频得到，可设置为 1 分频、8 分频、32 分频、128 分频。T1CTL 寄存器的功能说明如表 3-1-3 所示。

表 3-1-3 T1CTL 寄存器的功能说明

位	位名称	复位值	操作	功能说明
7:4		0000	R/W	保留
3:2	DIV[1:0]	00	R/W	分频器划分值，产生主动的时钟边沿用来更新计数器。 00：标记频率/1；　01：标记频率/8； 10：标记频率/32；　11：标记频率/128
1:0	MODE[1:0]	00	R/W	选择定时器 1 模式，通过下列方式选择。 00：暂停运行；　01：自由运行模式； 10：模模式；　11：正/倒计数模式

CC2530 有 5 个定时器，1 个 16 位定时器、2 个 8 位定时器、1 个睡眠定时器和 1 个 MAC 定时器。其中定时器 1 内部包含 1 个 16 位计数器，在每个定时器时钟的边沿递增或递减，共有 3 种工作模式，分别为自由运行模式、模模式和正/倒计数模式。在使用定时器 1 时，通过配置 T1CTL 寄存器进行工作模式的选择。

5. 自由运行模式的计数过程

定时器 1 工作在自由运行模式下，计数器从 0x0000 开始计数，计数值在每个定时器时钟的边沿加 1，当计数值达到 0xFFFF 时，再经过一个定时器时钟则自动溢出，然后又从 0x0000 开始重新计数，如图 3-1-1 所示。

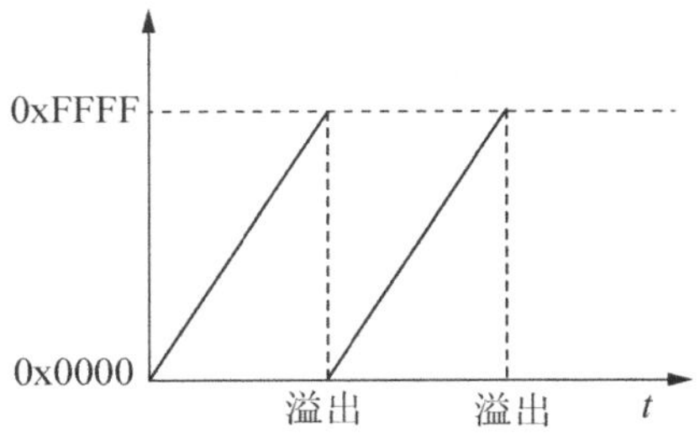

图 3-1-1　自由运行模式的计数过程

6. 自由运行模式的选择与配置

① 配置 T1CTL 寄存器，选择自由运行模式。

② 配置 TIMIF 寄存器的 OVFIM 位，使能定时器 1 溢出中断，TIMIF 寄存器的功能说明如表 3-1-4 所示。

③ 配置 IEN1 寄存器的 T1IE 位，使能定时器 1 中断，IEN1 寄存器的功能说明如表 3-1-5 所示。

④ 配置 EA 使能系统中断总开关。

表 3-1-4　TIMIF 寄存器的功能说明

位	位名称	复位值	操作	功能说明
7	—	0	R/W	保留
6	OVFIM	1	R/W	定时器 1 溢出中断使能。 0：中断禁止　　1：中断使能
5	T4CH1IF	0	R/W	定时器 4 通道 1 中断标志位。 0：无请求未处理；　1：有请求未处理
4	T4CH0IF	0	R/W	定时器 4 通道 0 中断标志位。 0：无请求未处理；　1：有请求未处理
3	T4OVIF	0	R/W	定时器 4 溢出中断标志位。 0：无请求未处理；　1：有请求未处理
2	T3CH1IF	0	R/W	定时器 3 通道 1 中断标志位。 0：无请求未处理；　1：有请求未处理
1	T3CH0IF	0	R/W	定时器 3 通道 0 中断标志位。 0：无请求未处理；　1：有请求未处理
0	T3OVIF	0	R/W	定时器 3 溢出中断标志位。 0：无请求未处理；　1：有请求未处理

表 3-1-5　IEN1 寄存器的功能说明

位	位名称	复位值	操作	功能说明
7:6	—	00	R0	不使用，读取出来为 0
5	P0IE	0	R/W	P0 端口组中断使能。 0：中断禁止；　1：中断使能
4	T4IE	0	R/W	定时器 4 中断使能。 0：中断禁止；　1：中断使能
3	T3IE	0	R/W	定时器 3 中断使能。 0：中断禁止；　1：中断使能
2	T2IE	0	R/W	定时器 2 中断使能。 0：中断禁止；　1：中断使能
1	T1IE	0	R/W	定时器 1 中断使能。 0：中断禁止；　1：中断使能
0	DMAIE	0	R/W	DMA 传输中断使能。 0：中断禁止；　1：中断使能

本任务设置定时器 1 工作在自由运行模式下进行计数且定时器标记输出时钟信号的频率经过 1 分频得到定时器时钟。本任务定时器 1 在自由运行模式下工作的具体配置代码如下：

```
1.  T1CTL = 0x01;          //定时器时钟分频系数为 1 并选择自由运行模式
2.  T1IE=1;                //使能定时器 1 中断
3.  EA=1;                  //使能系统中断总开关
```

温馨提示

TIMIF.OVFIM 复位默认值为 1，即默认使能定时器 1 溢出中断，复位后不需要进行设置。

7. 自由运行模式下定时器 1 中断触发过程

当定时器 1 计数器的值为 0xFFFF 时，再经过一个定时器时钟，该计数器将会自动溢出，T1STAT 寄存器中的计数器溢出中断标志位 OVFIF 被硬件自动置 1。在定时器 1 溢出中断使能的情况下，硬件会自动将 IRCON 寄存器的定时器 1 中断标志位 T1IF 置 1。在定时器 1 中断和系统中断总开关使能的情况下，CC2530 检测到定时器 1 中断标志位 T1IF 为 1，将会触发定时器 1 中断，执行定时器 1 中断服务函数。T1STAT 寄存器和 IRCON 寄存器的功能说明分别如表 3-1-6 和表 2-3-6 所示。

表 3-1-6　T1STAT 寄存器的功能说明

位	位名称	复位值	操作	功能说明
7:6	—	00	R0	保留
5	OVFIF	0	R/W0	定时器 1 计数器溢出中断标志位。当计数器在自由运行或模模式下达到最终计数值时置 1；当在正/倒计数模式下达到零时置 1。写 1 没有影响
4	CH4IF	0	R/W0	定时器 1 通道 4 中断标志位。当通道 4 中断条件发生时置 1，写 1 没有影响
3	CH3IF	0	R/W0	定时器 1 通道 3 中断标志位。当通道 3 中断条件发生时置 1，写 1 没有影响

续表

位	位名称	复位值	操作	功能说明
2	CH2IF	0	R/W0	定时器 1 通道 2 中断标志位。当通道 2 中断条件发生时置 1，写 1 没有影响
1	CH1IF	0	R/W0	定时器 1 通道 1 中断标志位。当通道 1 中断条件发生时置 1，写 1 没有影响
0	CH0IF	0	R/W0	定时器 1 通道 0 中断标志位。当通道 0 中断条件发生时置 1，写 1 没有影响

8. 自由运行模式下定时中断周期的计算

定时器 1 在自由运行模式下，计数器从 0x0000 开始计数，计数到 0xFFFF 时（16 进制数 0xFFFF 对应的十进制数为 65535），共计数了 65535 个定时器时钟，再经过一个定时器时钟，将会自动溢出。因此，计数器从 0x0000 开始计数，共计数 65536 个定时器时钟，会触发定时器 1 中断。整个定时中断周期为 65536 个定时器时钟周期，其计算公式如下：

$$\Delta T = \frac{1}{\text{定时器时钟频率}} \times 65536\text{s}$$

本任务的定时器时钟频率为 16MHz，因此其定时中断周期为

$$\Delta T = \frac{1}{1.6 \times 10^7} \times 65536 = 0.004096\text{s}$$

这说明本任务在执行过程中，每 0.004096s 将会触发一次定时器 1 中断。

9. 定时器 1 中断服务函数

定时器 1 中断服务函数的编写步骤如下。

① 声明定时器 1 中断服务函数，通常将函数命名为“T1_ISR”。

② 在中断服务函数前通过宏指令“#pragma vector=T1_VECTOR”或“#pragma vector=0x4B”将该中断函数指向定时器 1 中断向量，因此，当定时器 1 触发中断时，将会执行该中断服务函数。

③ 进入中断服务函数后，硬件自动将定时器 1 中断标志位 T1IF 置 0，然后进行中断处理。

定时器 1 中断服务函数的具体配置代码如下：

```
#pragma vector=T1_VECTOR        //定时器 1 中断向量指定
__interrupt void T1_ISR(void)
{
  中断处理;
}
```

温馨提示

进入定时器 1 中断服务函数后，硬件自动将定时器 1 中断标志位 T1IF 置 0，不需要软件置 0。

10. 全局变量与局部变量

① 局部变量：定义在函数内部的变量称为局部变量，它的作用域仅限于函数内部， 离

开该函数后立即无效，再次进入函数内部又重新初始化。

② 全局变量：在所有函数外部定义的变量称为全局变量，它的作用域默认为整个程序文件。一般全局变量只在定义处初始化一次，不会再次初始化，在后续的函数执行过程中都必须用写指令才可以改变其值，调用函数或退出函数不会使全局变量重新初始化。

```
unsigned int Count=0;                //声明 Count 为全局变量并将其初始化为 0
#pragma vector=T1_VECTOR             //定时器 1 中断向量指定
__interrupt void T1_ISR(void)
{
  ……
  Count++;                           //Count 加 1
  if(Count==244)
  {
      Count=0;
      ……
  }
}
```

本任务中，声明 Count 为全局变量并将其初始化为 0。每次进入中断服务函数，Count 在原来的基础上加 1，然后根据其大小进行逻辑分析处理。当 Count 等于 244 时，表示定时器 1 已连续中断 244 次。在执行过程中，进入中断服务函数或退出中断服务函数都不会对 Count 的值产生任何影响。

温馨提示

① main 函数只是优先被调用，与其他函数的地位是平等的。在 main 函数中定义的变量也是局部变量，只能在 main 函数中使用；main 函数不能使用其他函数中定义的变量。

② 可以在不同的函数中使用相同的局部变量名，它们表示不同的数据，分配不同的内存空间，互不干扰，也不会发生混淆。

③ 全局变量不能与局部变量同名。

任务实施

任务实施前必须先准备好设备和资源，如表 3-1-7 所示。

表 3-1-7　任务 1 需准备的设备和资源

序号	设备/资源名称	数量	是否准备到位
1	计算机（已安装好 IAR 软件）	1 台	
2	NEWLab 实训平台	1 套	
3	CC Debugger 仿真器	1 套	
4	黑板	1 块	

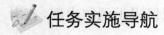

任务实施导航

具体实施流程如下。

1. 打开工程

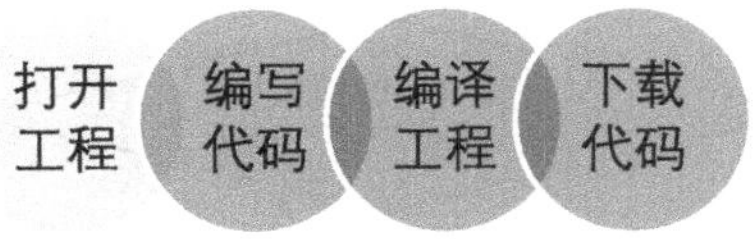

打开本书配套源代码文件夹中的“自由运行模式控制交通信号灯.ewp”工程。

2. 编写代码

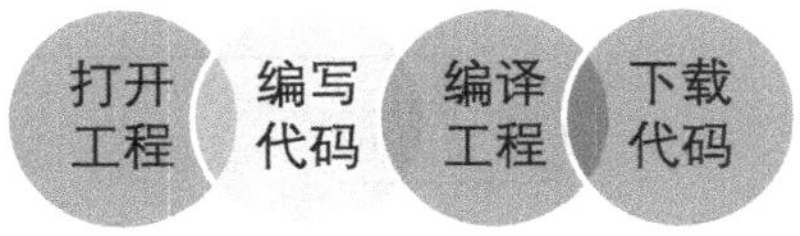

步骤 1：头文件包含。

```
#include <ioCC2530.h>
```

步骤 2：I/O 口宏定义。

```
#define    Led_green  P1_3          //将 P1_3 引脚宏定义为 D5 绿色 LED 控制引脚
```

步骤 3：全局变量定义。

```
unsigned int  Count=0;              //定义 Count 为全局变量并初始化为 0
```

步骤 4：编写定时器 1 初始化函数。

① 系统复位后默认选择内部 16MHz 的 RC 振荡器为时钟源，且系统时钟频率和定时器标记输出时钟信号的频率都为 16MHz；通过设置 T1CTL 寄存器，将定时器标记输出时钟信号经过 1 分频得到定时器时钟且设置定时器 1 工作在自由运行模式下。

② 使能定时器 1 中断。

③ 使能系统中断总开关。

本任务定时器 1 初始化函数代码如下：

```
void Init_Timer1(void)
{
   T1CTL = 0x01;     //配置定时器分频系数为 1 并选择自由运行模式
   T1IE=1;           //使能定时器 1 中断
   EA=1;             //使能系统中断总开关
}
```

步骤 5：编写定时器 1 中断服务函数。

根据前面的初始化配置，定时器时钟频率为 16MHz，在自由运行模式下定时中断周期大约为 0.004096s。本任务需要实现间隔 1s 控制交通信号灯的开关，1s 所对应的定时中断次数为

$$\frac{1}{0.004096}=244.140625\text{次}$$

经过四舍五入，大约为 244 次，也就是 244 次定时中断所需要的时间约为 1s。自由运行模式下定时器 1 的中断处理流程如图 3-1-2 所示。

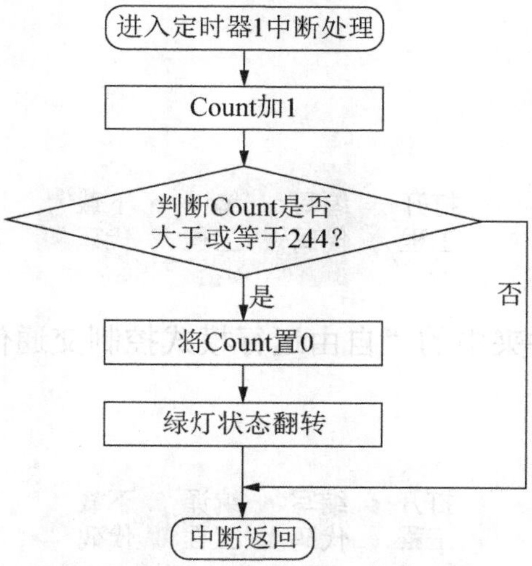

图 3-1-2　自由运行模式下定时器 1 中断处理流程

本任务定时器 1 中断服务函数的代码如下：

```
#pragma vector=T1_VECTOR     //定时器 1 中断向量指定
__interrupt void T1_ISR(void)
{
  Count++;                   //Count 加 1
  if(Count>=244)             //判断 Count 是否等于定时 1s 对应的定时中断次数
  {
    Count=0;                 //Count 清 0
    Led_green=!Led_green;    //绿灯状态翻转
  }
}
```

① 通过宏指令“#pragma vector=T1_VECTOR”或“#pragma vector=0x4B”将该中断服务函数指向定时器 1 中断向量，然后在下一行开始写中断服务函数“__interrupt void T1_ISR(void)”。

② 全局变量 Count 加 1。

③ 将 Count 与 244 进行比较，当 Count 大于或等于 244 时，表示定时 1s 到，绿灯状态翻转，中断返回；当 Count 小于 244 时，不做任何处理直接中断返回。

步骤 6：编写 main 函数。

main 函数主要完成 I/O 口初始化、定时器 1 初始化，然后进入无限循环，其具体配置代码如下：

```
void main(void)
{
  InitIO();              //I/O 口初始化
  Init_Timer1();         //定时器 1 初始化
  while(1);              //无限循环
}
```

在本任务代码中，应用了图 3-1-3 所示的知识点。

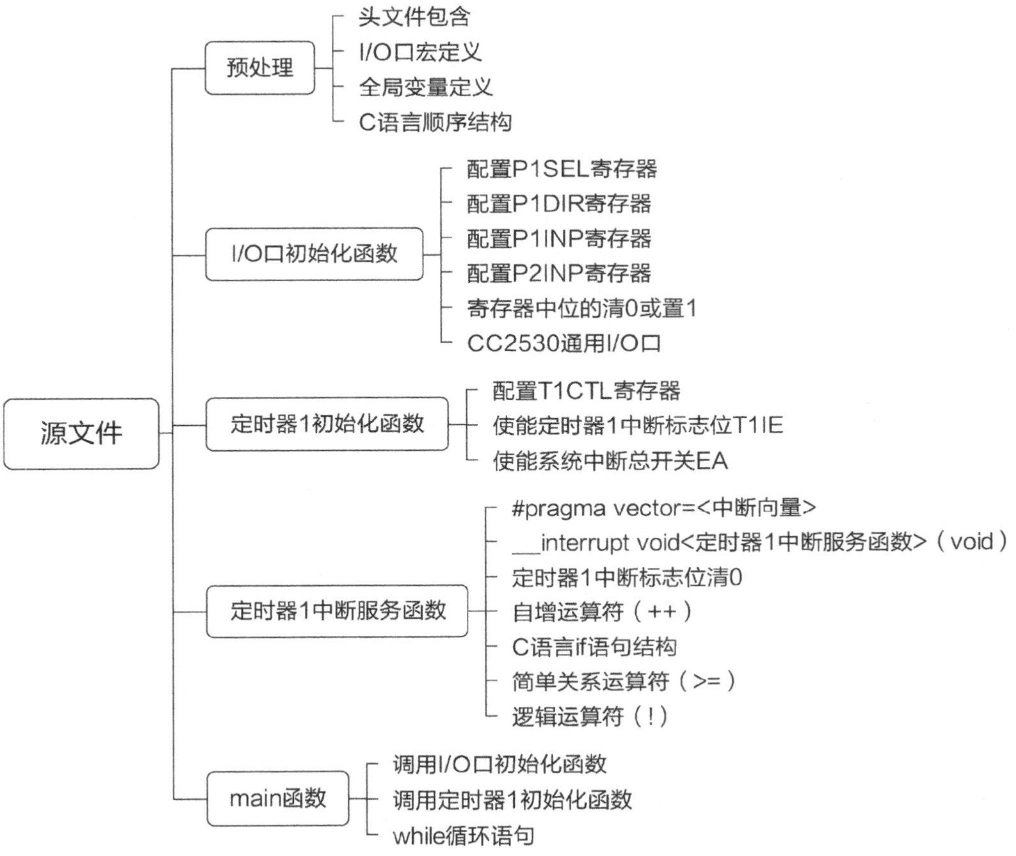

图 3-1-3　任务 1 代码中应用到的知识点

3. 编译工程

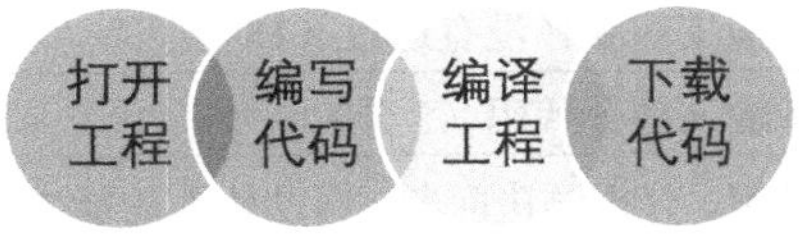

对工程进行编译，观察是否提示编译成功。如果出现错误或警告，需要认真检查修改，重新编译链接，直到没有错误和警告为止。

4. 下载代码

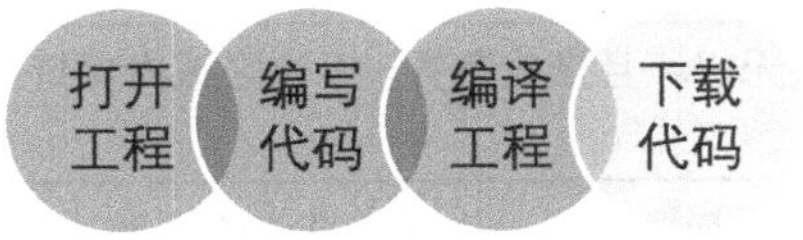

① 用 CC Debugger 仿真器的下载线连接黑板。

② 完成代码下载。

③ 黑板上电，观察 D5 绿色 LED 是否每隔 1s 交替开关。

任务工单

本任务的任务工单如表 3-1-8 所示。

表 3-1-8　任务 1 的任务工单

第 3 单元　定时器 1 控制交通信号灯	任务 1　定时器 1 自由运行模式控制交通信号灯

（一）本任务关键知识引导

1．单片机在工作时需要一个稳定的时钟，这个时钟叫作（　　　　）。系统时钟的频率越（　　　　），对应的系统时钟周期越（　　　　），单片机的执行效率越（　　　　）。

2．CC2530 的时钟源可以选择内部（　　　　）的 RC 振荡器或外部（　　　　）的晶体振荡器。

3．单片机复位后，可以通过软件配置 CLKCONCMD 寄存器决定（　　　　）、（　　　　）、（　　　　）。

4．定时器时钟可以通过配置（　　　　）寄存器对定时器标记输出时钟信号进行分频得到，可设置为 1 分频、8 分频、32 分频、128 分频。

5．定时器 1 工作在自由运行模式下，计数器从（　　　　）开始计数，计数值在每个定时器时钟的边沿（　　　　），当计数值达到（　　　　）时，再经过一个定时器时钟则自动溢出，共计数（　　）个定时器时钟，然后又从（　　　　）开始重新计数。

6．定时器 1 工作在自由运行模式下，当自动溢出时，（　　　　）寄存器中的计数器溢出中断标志位（　　　　）被硬件自动置（　　）；在定时器 1（　　　　）中断使能的情况下，硬件会自动将（　　　　）寄存器的定时器 1 中断标志位（　　　　）置 1；在（　　　　）和（　　　　）使能的情况下，CC2530 检测到定时器 1 中断标志位 T1IF 为 1，将会触发定时器 1 中断，执行定时器 1 中断服务函数。

7．局部变量的作用域仅限于（　　　　），全局变量的作用域为（　　　　）。

（二）任务检查与评价

评价方式		可采用自评、互评、教师评价等方式		
说明		主要评价学生在学习过程中的操作技能、理论知识、学习态度、课堂表现、学习能力等		
序号	评价内容	评价标准	分值	得分
1	知识运用（20%）	掌握相关理论知识，正确完成本任务关键知识的作答（20 分）	20 分	
2	专业技能（40%）	工程编译通过，绿灯交替亮灭的工作状态正常（40 分）	40 分	
		工程编译通过，绿灯交替亮灭的工作状态异常（30 分）		
		完成代码的输入，但工程编译没有通过（15 分）		
		打开工程错误或者输入部分代码（5 分）		
3	核心素养（20%）	具有良好的自主学习、分析解决问题、帮助他人的能力，任务过程中有指导他人并解决他人问题的行为（20 分）	20 分	
		具有较好的学习能力和分析解决问题的能力，任务过程中无指导他人的行为（15 分）		
		具有主动学习并收集信息的能力，遇到问题能请教他人并得以解决（10 分）		
		不主动学习（0 分）		
4	职业素养（20%）	实验完成后，设备无损坏且摆放整齐，工位区域内保持整洁，无干扰课堂秩序的行为（20 分）	20 分	
		实验完成后，设备无损坏，无干扰课堂秩序的行为（15 分）		
		无干扰课堂秩序的行为（10 分）		
		干扰课堂秩序（0 分）		
总得分				

任务小结

定时器 1 自由运行模式控制交通信号灯的思维导图如图 3-1-4 所示。

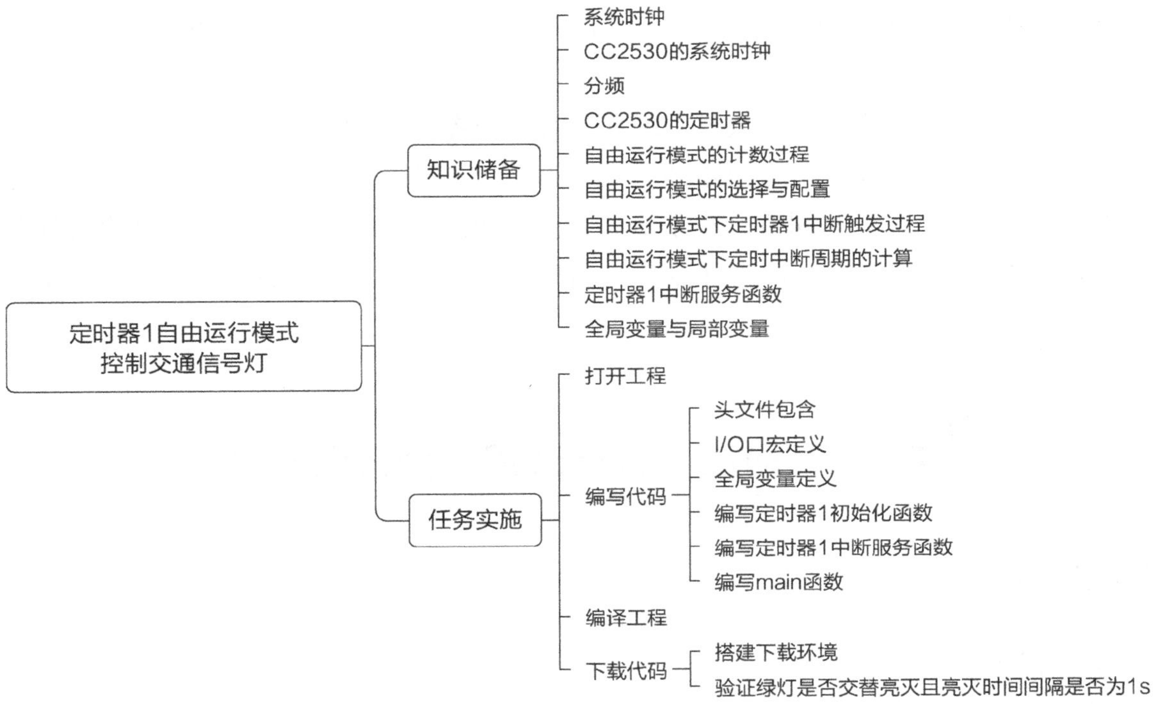

图 3-1-4　定时器 1 自由运行模式控制交通信号灯的思维导图

知识与技能提升

动动脑

思考：定时器中断延时与循环计数延时有什么不同点？

动动手

请在本任务代码的基础上进行修改，使红灯、绿灯的状态相反，也就是红灯亮、绿灯灭或者红灯灭、绿灯亮，同时将亮灭的时间间隔改为 3s。

拓展练习

在实际交通信号灯控制系统中，红灯与绿灯并不是同时亮或同时灭，而且红灯、绿灯亮的时间长度并不等于灭的时间长度。

请在本任务代码的基础上进行修改，实现红灯先亮 2s 再灭 1s，然后周期性变化；而绿灯则先亮 1s 再灭 2s，然后周期性变化。

要实现以上功能，可按以下方案进行修改设计。

① 计算 1s、2s、3s 对应的计数阈值。

② 定义两个全局变量并初始化为 0，分别用作红灯的定时计数器和绿灯的定时计数器。

③ 进入定时器 1 中断服务函数时，红灯定时计数器的值加 1，然后对红灯定时计数器的值进行比较分析。当红灯定时计数器的值小于或等于 2s 对应的阈值时，红灯点亮；当红灯定时计数器的值大于 2s 对应的阈值且小于 3s 对应的阈值时，红灯熄灭；当红灯定时计数器的

值大于或等于 3s 对应的阈值时，红灯点亮，同时将红灯定时计数器的值置 0，进入下一个循环动作。

④ 进入定时器 1 中断服务函数时，绿灯定时计数器的值加 1，然后对绿灯定时计数器的值进行比较分析。当绿灯定时计数器的值小于或等于 1s 对应的阈值时，绿灯点亮；当绿灯定时计数器的值大于 1s 对应的阈值且小于 3s 对应的阈值时，绿灯熄灭；当绿灯定时计数器的值大于或等于 3s 对应的阈值时，绿灯点亮，同时将绿灯定时计数器的值置 0，进入下一个循环动作。

任务 2 定时器 1 模模式控制交通信号灯

任务描述与任务分析

任务描述：

黄灯闪烁。

模拟效果：

①黑板通电后，D3 绿色 LED 点亮（黄灯亮），延时 1s。

②1s 到，D3 绿色 LED 熄灭（黄灯灭），延时 1s。

③1s 到，D3 绿色 LED 点亮（黄灯亮），延时 1s。

④LED 效果可循环。

任务分析：

定时器 1 在模模式下实现定时输出控制。

建议学生带着以下问题进行本任务的学习和实践。

- 定时器 1 在模模式下是如何工作的？
- 在模模式下，定时器 1 的中断周期如何计算？
- 在模模式下，定时器 1 的中断如何触发？

知识储备

1. 模模式的计数过程

定时器 1 工作在模模式下，计数器从 0x0000 开始计数，计数值在每个定时器时钟的边沿加 1，当计数值达到 T1CC0 时，产生比较输出，然后又从 0x0000 开始重新计数，如图 3-2-1 所示。T1CC0 是一个 16 位的二进制数，由通道 0 捕获/比较的高 8 位寄存器 T1CC0H 和低 8 位寄存器 T1CC0L 共同组成。T1CC0L 寄存器和 T1CC0H 寄存器的功能说明分别如表 3-2-1 和表 3-2-2 所示。

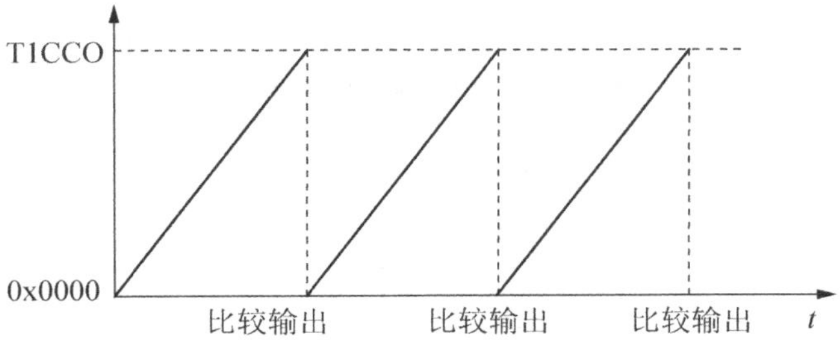

图 3-2-1　模模式的计数过程

表 3-2-1　T1CC0L 寄存器的功能说明

位	位名称	复位值	操作	功能说明
7:0	T1CC0 [7:0]	0x00	R/W	定时器 1 通道 0 捕获/比较值，低位字节

表 3-2-2　T1CC0H 寄存器的功能说明

位	位名称	复位值	操作	功能说明
7:0	T1CC0 [15:8]	0x00	R/W	定时器 1 通道 0 捕获/比较值，高位字节

2. 模模式的选择与配置

① 配置 T1CTL 寄存器，选择模模式计数。

② 配置 T1CCTL0 寄存器，选择定时器 1 通道 0 为比较模式并使能通道 0 中断。T1CCTL0 寄存器的功能说明如表 3-2-3 所示。

③ 配置 IEN1 寄存器的 T1IE 位，使能定时器 1 中断。

④ 使能系统中断总开关。

表 3-2-3　T1CCTL0 寄存器的功能说明

位	位名称	复位值	操作	功能说明
7	RFIRQ	0	R/W	当设置时，使用 RF 中断捕获，而不是常规的捕获输入
6	IM	1	R/W	通道 0 中断屏蔽位。 设置为 1：通道 0 中断使能。 设置为 0：通道 0 中断关闭
5:3	CMP	000	R/W	通道 0 比较模式选择。当定时器的值等于在 TICC0 中的比较值时，选择输出操作。 000：设置输出；　001：清除输出； 010：切换输出；　011：向上比较设置输出； 100：向上比较清除输出； 101：未使用；　110：未使用； 111：初始化输出引脚，该位保持不变
2	MODE	0	R/W	模式选择，选择定时器 1 通道 0 为捕获或者比较模式。 0：捕获模式；　1：比较模式
1:0	CAP	00	R/W	通道 0 捕获模式选择。 00：未捕获；　01：上升沿捕获； 10：下降沿捕获；　11：上升沿/下降沿捕获

本任务设置定时器 1 工作在模模式下进行计数且定时器标记输出时钟信号经过 1 分频得

到定时器时钟。本任务定时器 1 在模模式下工作的具体配置代码如下：

```
T1CTL = 0x01;          //配置定时器时钟分频系数为 1 并选择模模式
T1CCTL0 |=0x04;        //配置通道 0 为比较模式，复位后默认通道 0 中断使能
T1IE=1;                //使能定时器 1 中断
EA=1;                  //使能系统中断总开关
```

温馨提示

T1CCTL0 寄存器的通道 0 中断屏蔽位 T1CCTL0.IM 复位值为 1，即默认使能通道 0 中断，不需要进行配置。

3. 模模式下定时器 1 中断触发过程

当定时器 1 计数器的值为 T1CC0 时，将会产生比较输出，T1STAT 寄存器中的定时器 1 通道 0 中断标志位 CH0IF 被硬件自动置 1。在定时器 1 通道 0 中断使能的情况下，硬件会自动将 IRCON 寄存器的定时器 1 中断标志位 T1IF 置 1。在定时器 1 中断和系统中断总开关使能的情况下，CC2530 检测到定时器 1 中断标志位 T1IF 为 1，将会触发定时器 1 中断，执行定时器 1 中断服务函数。

4. 模模式下定时中断周期的计算

定时器 1 在模模式下，计数器从 0x0000 开始计数，当计数到 T1CC0 时，将会产生比较输出。因此，计数器从 0x0000 开始计数，共计数 T1CC0 个定时器时钟信号，会触发定时器中断。整个定时中断周期为 T1CC0 个定时器时钟周期，其计算公式如下：

$$\Delta T = \frac{1}{\text{定时器时钟频率}} \times \text{T1CC0s}$$

本任务的定时器时钟频率为 16MHz，T1CC0 的数值为 32000，因此定时中断周期为

$$\Delta T = \frac{1}{1.6 \times 10^7} \times 32000 = 0.002\text{s}$$

这说明本任务在执行过程中，每 0.002s 将会触发一次定时器 1 中断。十进制数 32000 对应的十六进制数为 0x7D00，将高 8 位 0x7D 写入 T1CCOH 寄存器，低 8 位 0x00 写入 T1CCOL 寄存器，其具体配置代码如下：

```
T1CC0H=0x7d;          //T1CC0 高 8 位
T1CC0L=0x00;          //T1CC0 低 8 位
```

温馨提示

在模模式下，高 8 位寄存器 T1CC0H 和低 8 位寄存器 T1CC0L 组成一个 16 位二进制数 T1CC0，其数值将会决定定时中断周期。

任务实施

任务实施前必须先准备好设备和资源，如表 3-2-4 所示。

表 3-2-4　任务 2 需准备的设备和资源

序号	设备/资源名称	数量	是否准备到位
1	计算机（已安装好 IAR 软件）	1 台	
2	NEWLab 实训平台	1 套	
3	CC Debugger 仿真器	1 套	
4	黑板	1 块	

任务实施导航

具体实施流程如下。

1. 打开工程

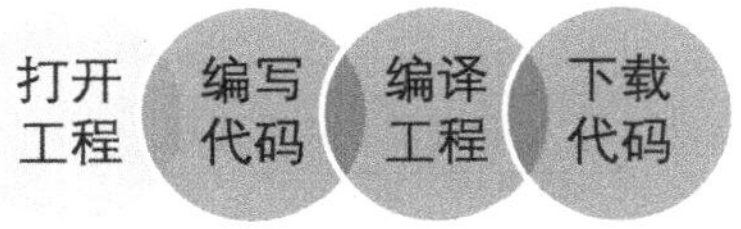

打开本书配套源代码文件夹中的“定时器 1 模模式控制交通信号灯.ewp”工程。

2. 编写代码

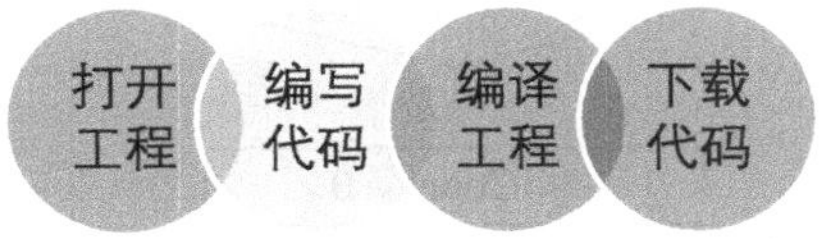

步骤 1：头文件包含。

```
#include <ioCC2530.h>
```

步骤 2：I/O 口宏定义。

```
#define Led_yellow  P1_0      //将 P1_0 引脚宏定义为 D3 绿色 LED 控制引脚
```

步骤 3：全局变量定义。

```
unsigned int Count=0;         //定义 Count 为全局变量并初始化为 0
```

步骤 4：编写定时器 1 初始化函数。

① 系统复位后默认选择内部 16MHz 的 RC 振荡器为时钟源，且系统时钟频率和定时器标记输出时钟信号频率都为 16MHz；通过配置 T1CTL 寄存器，将定时器标记输出时钟信号经过 1 分频得到定时器时钟且配置定时器 1 工作在模模式下。

② 配置 T1CCTL0 寄存器，选择定时器 1 通道 0 为比较模式并使能通道 0 中断。

③ 根据定时中断周期配置高 8 位寄存器 T1CC0H 和低 8 位寄存器 T1CC0L。

④ 使能定时器 1 中断。

⑤ 使能系统中断总开关。

定时器 1 初始化函数代码如下：

```
void Init_Timer1(void)
{
    T1CTL = 0x01;      //配置定时器时钟分频系数为 1 并选择模模式
```

```
    T1CCTL0 |=0x04;      //配置通道 0 为比较模式，复位后默认通道 0 中断使能
    T1CC0H=0x7D;         //T1CC0 高 8 位
    T1CC0L=0x00;         //T1CC0 低 8 位
    T1IE=1;              //使能定时器 1 中断
    EA=1;                //使能系统中断总开关
}
```

步骤 5：编写定时器 1 中断服务函数。

根据前面的初始化配置，定时器时钟频率为 16MHz，在模模式下定时器 1 的定时中断周期为 0.002s。本任务需要实现间隔 1s 控制交通信号灯的亮灭，1s 所对应的定时中断次数为

$$\frac{1}{0.002}=500\text{次}$$

这说明连续 500 次定时中断所需要的时间为 1s。模模式下定时器 1 中断处理流程如图 3-2-2 所示。

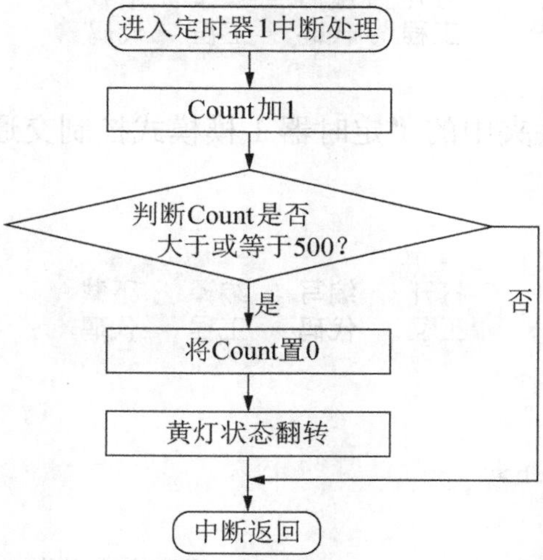

图 3-2-2　模模式下定时器 1 中断处理流程

本任务定时器 1 中断服务函数的代码如下：

```
#pragma vector=T1_VECTOR      //定时器 1 中断向量指定
__interrupt void T1_ISR(void)
{
  Count++;                    //Count 加 1
  if(Count>=500)              //判断 Count 是否等于定时 1s 所需要的中断次数
  {
    Count=0;                  //Count 清 0
    Led_yellow=! Led_yellow;  //黄灯状态翻转
  }
}
```

① 通过宏指令“#pragma vector=T1_VECTOR”或“#pragma vector=0x4B”将该中断服务函数指向定时器 1 中断向量，然后下一行开始写中断服务函数“__interrupt void T1_ISR(void)”。

② 全局变量 Count 加 1。

③ 将 Count 与 500 进行比较，当 Count 大于或等于 500 时，表示定时 1s 到，黄灯状态

翻转，中断返回；当 Count 小于 500 时，不做任何处理直接中断返回。

步骤 6：编写 main 函数。

main 函数主要完成 I/O 口初始化、定时器 1 初始化，然后进入无限循环，其代码如下：

```
void main(void)
{
  InitIO();                     //I/O 口初始化
  Init_Timer1();                //定时器 1 初始化
  while(1);                     //无限循环
}
```

在本任务代码中，应用了图 3-2-3 所示的知识点。

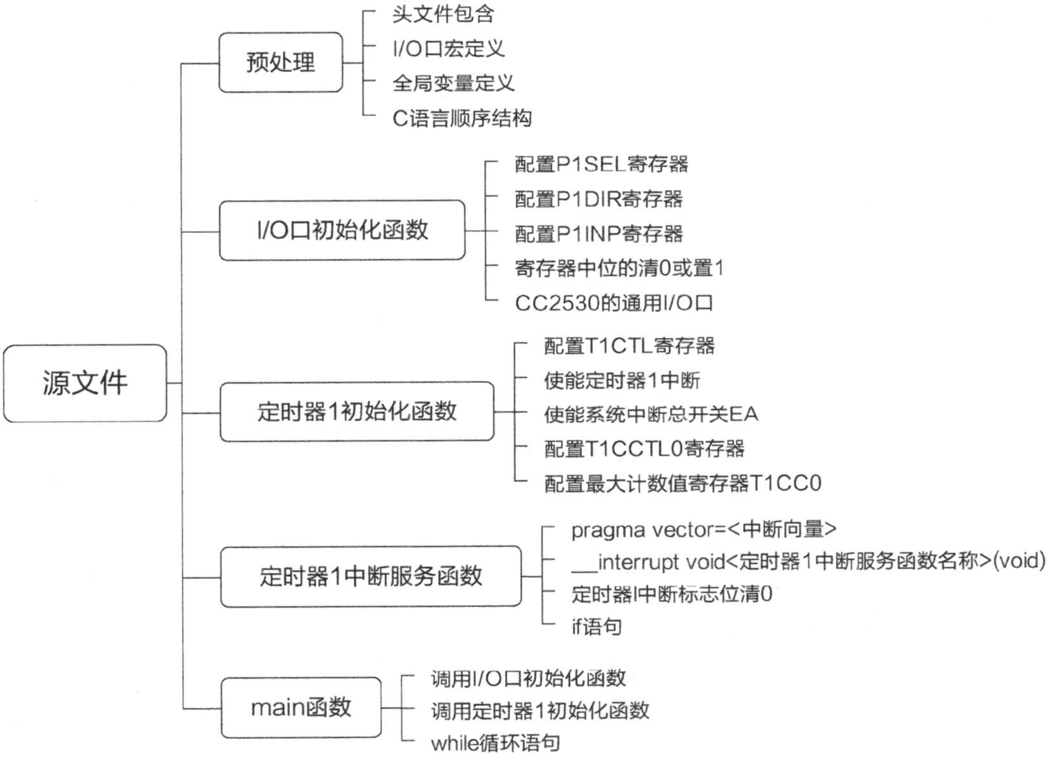

图 3-2-3　任务 2 代码中应用到的知识点

3. 编译工程

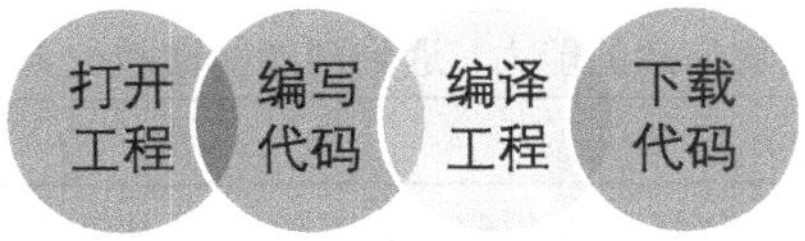

对工程进行编译，观察是否提示编译成功。如果出现错误或警告，需要认真检查修改，重新编译链接，直到没有错误和警告为止。

4. 下载代码

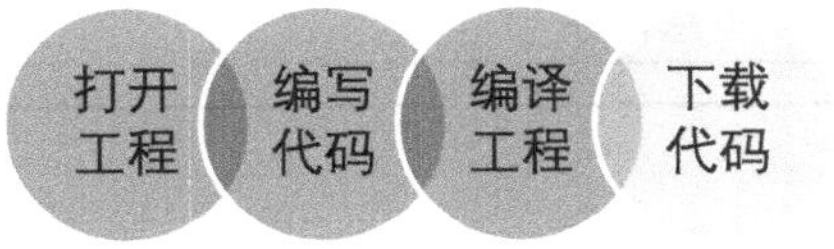

① 用 CC Debugger 仿真器的下载线连接黑板。

② 完成代码下载。

③ 黑板上电，观察 D3 绿色 LED 是否每隔 1s 循环交替开关。

任务工单

本任务的任务工单如表 3-2-5 所示。

表 3-2-5 任务 2 的任务工单

第 3 单元 定时器 1 控制交通信号灯	任务 2 定时器 1 模模式控制交通信号灯

（一）本任务关键知识引导

1. 定时器 1 工作在模模式下，计数器从（　　　　　）开始计数，计数器的值在每个定时器时钟的边沿（　　　　），当计数值达到（　　　　）时，产生（　　　　），然后又从（　　　　）开始重新计数。

2. T1CC0 是一个（　　　　）位的二进制数，由（　　　　）捕获/比较高 8 位寄存器（　　　　）和低 8 位寄存器（　　　　）共同组成。

3. 当定时器 1 工作在模模式下产生比较输出时，（　　　　）寄存器中的定时器 1 通道 0 中断标志位（　　　　）被（　　　　）自动置（　　　　）；在定时器 1（　　　　）中断使能的情况下，硬件会自动将（　　　　）寄存器的定时器 1 中断标志位（　　　　）置（　　　　）。在（　　　　）中断和（　　　　）使能的情况下，CC2530 检测到定时器 1 中断标志位（　　　　）为 1，将会触发定时器 1 中断，执行定时器 1 中断服务函数。

（二）任务检查与评价

评价方式		可采用自评、互评、教师评价等方式		
说明		主要评价学生在学习过程中的操作技能、理论知识、学习态度、课堂表现、学习能力等		
序号	评价内容	评价标准	分值	得分
1	知识运用（20%）	掌握相关理论知识，正确完成本任务关键知识的作答（20 分）	20 分	
2	专业技能（40%）	工程编译通过，D3 绿色 LED 的工作状态切换正常（40 分）	40 分	
		工程编译通过，D3 绿色 LED 的工作状态切换异常（30 分）		
		完成代码的输入，但工程编译没有通过（15 分）		
		打开工程错误或输入部分代码（5 分）		
3	核心素养（20%）	具有良好的自主学习、分析解决问题、帮助他人的能力，任务过程中有指导他人并解决他人问题的行为（20 分）	20 分	
		具有较好的学习能力和分析解决问题的能力，任务过程中无指导他人的行为（15 分）		
		具有主动学习并收集信息的能力，遇到问题能请教他人并得以解决（10 分）		
		不主动学习（0 分）		
4	职业素养（20%）	实验完成后，设备无损坏且摆放整齐，工位区域内保持整洁，无干扰课堂秩序的行为（20 分）	20 分	
		实验完成后，设备无损坏，无干扰课堂秩序的行为（15 分）		
		无干扰课堂秩序的行为（10 分）		
		干扰课堂秩序（0 分）		
总得分				

任务小结

定时器 1 模模式控制交通信号灯的思维导图如图 3-2-4 所示。

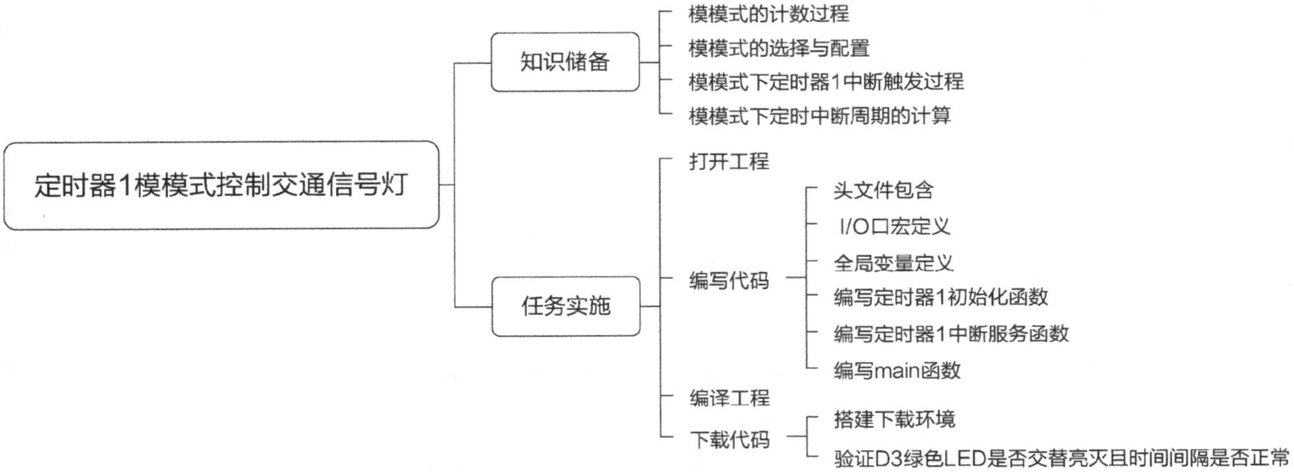

图 3-2-4　定时器 1 模模式控制交通信号灯的思维导图

知识与技能提升

动动脑

思考：相比于自由运行模式，模模式的优点是什么？

动动手

请在本任务代码的基础上进行修改，调整红灯、绿灯、黄灯的点亮时间。

拓展练习

在交通信号灯控制系统中，红灯、绿灯、黄灯共有 4 种状态，分别是红灯亮、绿灯亮、黄灯亮及黄灯闪烁。

请在本任务代码的基础上进行修改，实现“红灯亮 3s—绿灯亮 5s—黄灯亮 3s—黄灯闪烁 10s（亮灭的间隔为 0.5s）→红灯亮 3s→……”。

具体实现方案为在本任务代码的基础上追加黄灯闪烁状态，然后不断循环。

任务 3　定时器 1 正/倒计数模式控制交通信号灯

任务描述与任务分析

任务描述：

红灯闪烁。

模拟效果：

①黑板通电后，D6 红色 LED 点亮（红灯亮），延时 1s。

②1s 到，D6 红色 LED 熄灭（红灯灭），延时 1s。

③1s 到，D6 红色 LED 点亮（红灯亮），延时 1s。

④LED 效果可循环。

任务分析：

定时器 1 在正/倒计数模式下实现定时输出控制。

建议学生带着以下问题进行本任务的学习和实践。

- 定时器 1 在正/倒计数模式下如何工作？
- 在正/倒计数模式下，定时器 1 的中断周期如何计算？
- 在正/倒计数模式下，定时器 1 的中断是如何触发的？

知识储备

1. 正/倒计数模式的计数过程

定时器 1 工作在正/倒计数模式下，计数器从 0x0000 开始计数，计数值在每个定时器时钟的边沿加 1，即为正计数。当计数值达到 T1CC0 时，产生比较输出，然后计数器从 T1CC0 开始计数，计数值在每个定时器时钟的边沿减 1，即为倒计数。当计数器的值与 0x0000 相等时，自动溢出，计数器重新从 0x0000 开始计数，继续下一次循环，如图 3-3-1 所示。

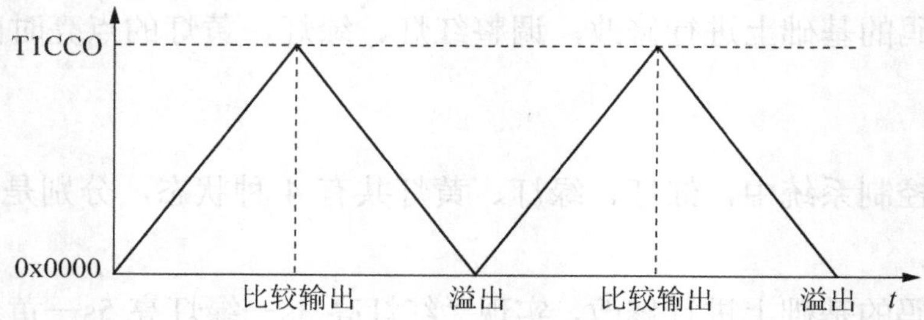

图 3-3-1　正/倒计数模式

2. 正/倒计数模式的选择与配置

（1）配置 T1CTL 寄存器，选择正/倒计数模式计数。

（2）配置 TIMIF 寄存器的 OVFIM 位，使能定时器 1 溢出中断。

（3）配置 IEN1 寄存器的 T1IE 位，使能定时器 1 中断。

（4）使能系统中断总开关。

本任务设置定时器 1 工作在正/倒计数模式下进行计数且定时器标记输出时钟信号的频率经过 1 分频得到定时器时钟。本任务定时器 1 在正/倒计数模式下工作的具体配置代码如下：

```
T1CTL = 0x03;       //配置定时器时钟分频系数为 1 并选择正/倒计数模式
T1IE=1;             //使能定时器 1 中断
```

```
3.  EA=1;              //使能系统中断总开关
```

温馨提示

正/倒计数模式下不能配置 T1CCTL0 寄存器选择通道 0 比较输出，否则在通道 0 中断和定时器 1 溢出中断都使能的情况下，正/倒计数过程中产生比较输出和溢出两个时刻都将触发定时器 1 中断。

3. 正/倒计数模式下定时器 1 中断触发过程

在正/倒计数模式下，当定时器 1 计数器从 0x0000 开始正计数至 T1CC0，然后又倒计数至 0x000 时，产生自动溢出，T1STAT 寄存器中的计数器溢出中断标志位 OVFIF 被硬件自动置 1。在定时器 1 溢出中断使能的情况下，硬件会自动将 IRCON 寄存器的定时器 1 中断标志位 T1IF 置 1。在定时器 1 中断和系统中断总开关使能的情况下，CC2530 检测到定时器 1 中断标志位 T1IF 为 1，将会触发定时器 1 中断，执行定时器 1 中断服务函数。

4. 正/倒计数模式下定时中断周期的计算

定时器 1 在正/倒计数模式下，计数器从 0x0000 开始正计数至 T1CC0 又倒计数至 0x0000，共计数（2×T1CC0）个定时器时钟，并触发定时器中断。整个定时中断周期为（2×T1CC0）个定时器时钟周期，其计算公式如下：

$$\Delta T = \frac{1}{\text{定时器时钟频率}} \times \text{T1CC0} \times 2\text{s}$$

本任务的定时器时钟频率为 16MHz，T1CC0 的数值为 32000，因此定时中断周期为

$$\Delta T = \frac{1}{1.6 \times 10^7} \times 32000 \times 2 = 0.004\text{s}$$

这说明本任务在执行过程中，每 0.004s 将会触发一次定时器中断。十进制数 32000 对应的 16 进制数为 0x7D00，将高 8 位 0x7D 写入 T1CCOH 寄存器，低 8 位 0x00 写入 T1CCOL 寄存器，具体配置代码如下：

```
1.  T1CC0H=0x7D;           //T1CC0 高 8 位
2.  T1CC0L=0x00;           //T1CC0 低 8 位
```

温馨提示

在定时器时钟、T1CC0H、T1CC0L 均相同的情况下，正/倒计数模式的定时中断周期是模模式定时中断周期的两倍。

任务实施

任务实施前必须先准备好设备和资源，如表 3-3-1 所示。

表 3-3-1　任务 3 需准备的设备和资源

序号	设备/资源名称	数量	是否准备到位
1	计算机（已安装好 IAR 软件）	1 台	
2	NEWLab 实训平台	1 套	
3	CC Debugger 仿真器	1 套	
4	黑板	1 块	

任务实施导航

具体实施流程如下。

1. 打开工程

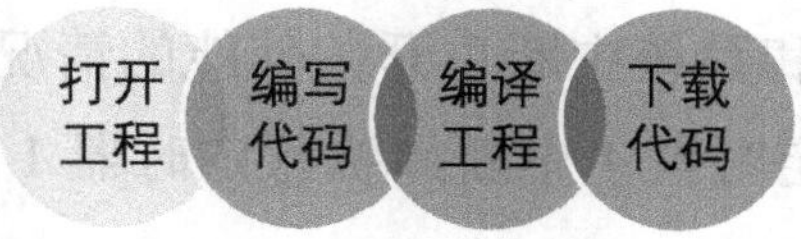

打开本书配套源代码文件夹中的“定时器 1 正/倒计数模式控制交通信号灯.ewp”工程。

2. 编写代码

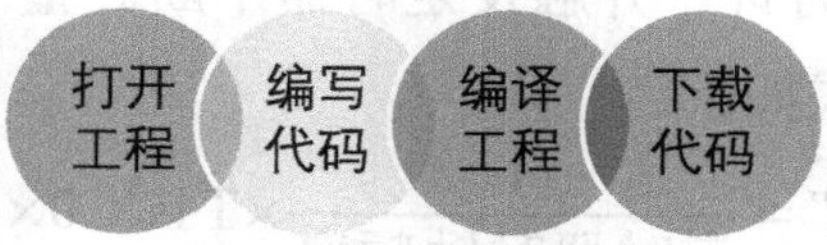

步骤 1：头文件包含。

```
#include <ioCC2530.h>
```

步骤 2：I/O 口宏定义。

```
#define  Led_red   P1_4        //将 P1_4 引脚宏定义为 D6 红色 LED 控制引脚
```

步骤 3：全局变量定义。

```
unsigned int Count=0;          //定义 Count 为全局变量并初始化为 0
```

步骤 4：编写定时器 1 初始化函数。

① 系统复位后默认选择内部 16MHz 的 RC 振荡器为时钟源，且系统时钟频率和定时器标记输出时钟信号的频率都为 16MHz；通过设置 T1CTL 寄存器，将定时器标记输出时钟信号经过 1 分频得到定时器时钟且配置定时器 1 工作在正/倒计数模式下。

② 根据定时中断周期配置高 8 位 T1CC0H 寄存器和低 8 位 T1CC0L 寄存器。

③ 使能定时器 1 中断。

④ 使能系统中断总开关。

定时器 1 初始化函数代码如下：

```
void Init_Timer1(void)
{
    T1CTL = 0x03;         //配置定时器时钟分频系数为 1 并选择正/倒计数模式
    T1CC0H=0x7D;          //T1CC0 高 8 位
```

```
    T1CC0L=0x00;            //T1CC0 低 8 位
    T1IE=1;                 //使能定时器 1 中断
    EA=1;                   //使能系统中断总开关
}
```

步骤 5：编写定时器 1 中断服务函数。

根据前面的初始化配置，定时器时钟频率为 16MHz，在正/倒计数模式下定时器 1 的定时中断周期为 0.004s。本任务需要完成间隔 1s 控制交通信号灯的亮灭，1s 所对应的定时器中断次数为

$$\frac{1}{0.004}=250\text{次}$$

这说明连续 250 次定时中断所需要的时间等于 1s。正/倒计数模式下定时器 1 的中断处理流程如图 3-3-2 所示。

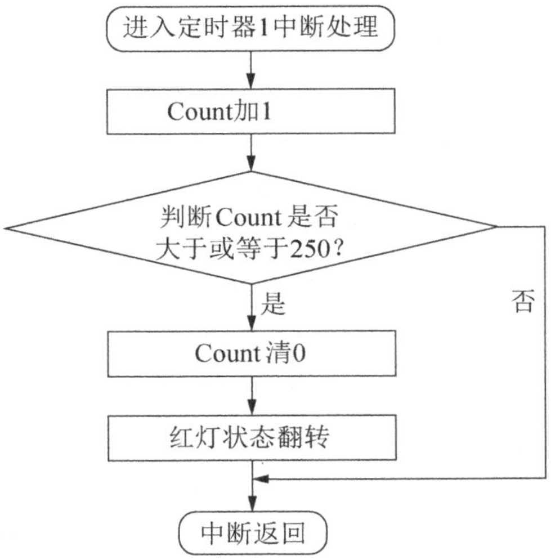

图 3-3-2　正/倒计数模式下定时器 1 的中断处理流程

本任务定时器 1 中断服务函数的代码如下：

```
#pragma vector=T1_VECTOR          //定时器 1 中断向量指定
__interrupt void T1_ISR(void)
{
  Count++;                        //Count 加 1
  if(Count>=250)                  //判断 Count 是否等于定时 1s 所需要的中断次数
  {
    Count=0;                      //Count 清 0
    Led_red=~ Led_red;            //红灯状态翻转
  }
}
```

① 通过宏指令“#pragma vector=T1_VECTOR”或“#pragma vector=0x4B”将该中断服务函数指向定时器 1 中断向量，然后下一行开始写中断服务函数“__interrupt void T1_ISR(void)”。

② 全局变量 Count 加 1。

③ 将 Count 与 250 进行比较，当 Count 大于或等于 250 时，表示定时 1s 到，红灯状态

翻转，中断返回；当 Count 小于 250 时，不做任何处理直接中断返回。

步骤 6：编写 main 函数。

main 函数主要完成 I/O 口初始化、定时器 1 初始化，然后进入无限循环，其代码如下：

```
void main(void)
{
  InitIO();                  //I/O 口初始化
  Init_Timer1();             //定时器 1 初始化
  while(1);                  //无限循环
}
```

在本任务代码中，应用了图 3-3-3 所示的知识点。

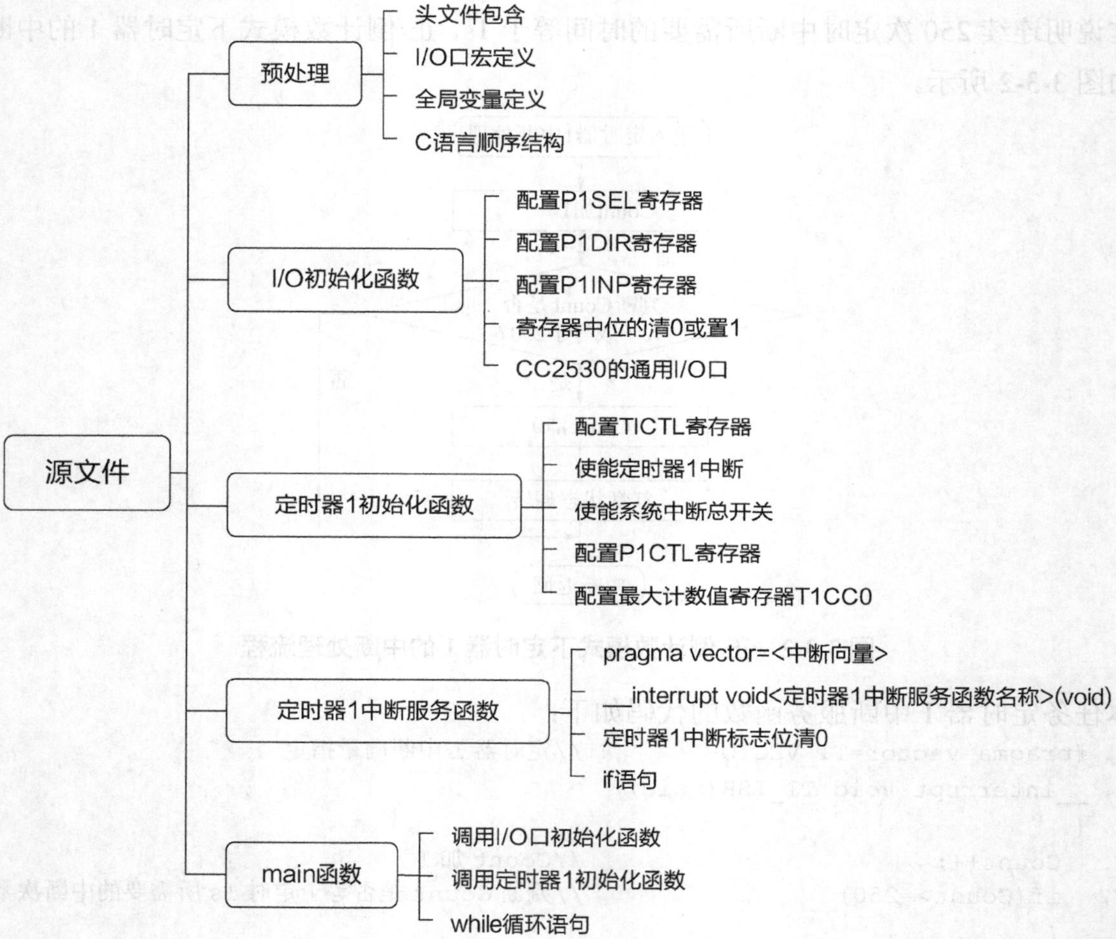

图 3-3-3　任务 3 代码中应用到的知识点

3. 编译工程

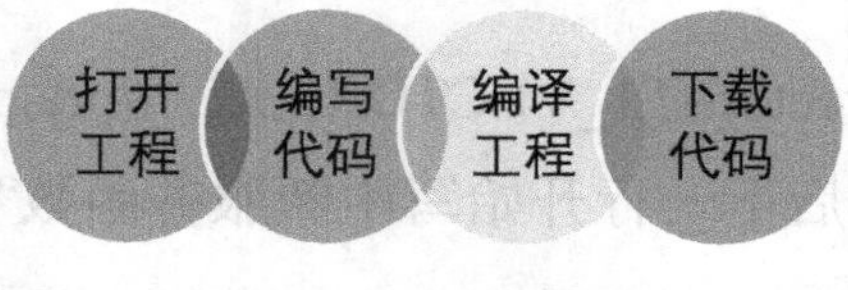

对工程进行编译，观察是否提示编译成功。如果出现错误或警告，需要认真检查修改，重新编译链接，直到没有错误和警告为止。

4. 下载代码

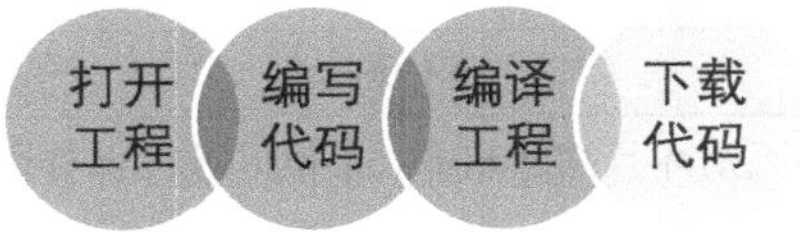

① 用 CC Debugger 仿真器的下载线连接黑板。

② 完成代码下载。

③ 黑板上电，观察 D6 红色 LED 是否每隔 1s 交替亮灭。

任务工单

本任务的任务工单如表 3-3-2 所示。

表 3-3-2　任务 3 的任务工单

第 3 单元　定时器 1 控制交通信号灯	任务 3　定时器 1 正/倒计数模式控制交通信号灯

（一）本任务关键知识引导

1. 定时器 1 工作在正/倒计数模式下，计数器从（　　　　　）开始计数，计数器的值在每个定时器时钟的边沿加 1，即为（　　　　）；当计数值达到（　　　　）时，产生比较输出，然后计数器从（　　　　）开始计数，计数器的值在每个定时器时钟的边沿（　　　　），即为（　　　　）。当计数器的值与（　　　　）相等时，自动溢出，计数器又从（　　　　）开始计数，继续下一次循环。

2. 本任务选择正/倒计数模式并将定时器的分频系数配置为 1，需要将 T1CTL 寄存器配置为（　　　　　）。

3. 在正/倒计数模式下，当产生自动溢出时，（　　　　　）寄存器中的计数器溢出中断标志位（　　　　）被硬件自动置 1；在（　　　　）中断使能的情况下，硬件会自动将 IRCON 寄存器的定时器 1 中断标志位（　　　　）置 1；在（　　　　）和（　　　　）使能的情况下，CC2530 检测到定时器 1 中断标志位 T1IF 为 1，将会触发定时器 1 中断，执行定时器 1（　　　　）。

4. 本任务的定时器时钟频率为 16MHz，T1CC0 的数值为 32000，其对应的 16 进制数为（　　　　　），将（　　　　　）写入 T1CC0H，将（　　　　）写入 T1CC0L，则对应的定时中断周期为（　　　　　）。

（二）任务检查与评价

评价方式		可采用自评、互评、教师评价等方式		
说明		主要评价学生在学习过程中的操作技能、理论知识、学习态度、课堂表现、学习能力等		
序号	评价内容	评价标准	分值	得分
1	知识运用（20%）	掌握相关理论知识，正确完成本任务关键知识的作答（20 分）	20 分	
2	专业技能（40%）	工程编译通过，D6 红色 LED 的工作状态切换正常（40 分）	40 分	
		工程编译通过，D6 红色 LED 的工作状态切换异常（30 分）		
		完成代码的输入，但工程编译没有通过（15 分）		
		打开工程错误或者输入部分代码（5 分）		
3	核心素养（20%）	具有良好的自主学习、分析解决问题、帮助他人的能力，整个任务过程中有指导他人并解决他人问题的行为（20 分）	20 分	
		具有较好的学习能力和分析解决问题的能力，任务过程中无指导他人的行为（15 分）		
		具有主动学习并收集信息的能力，遇到问题能请教他人并得以解决（10 分）		
		不主动学习（0 分）		

续表

序号	评价内容	评价标准	分值	得分
4	职业素养（20%）	实验完成后，设备无损坏且摆放整齐，工位区域内保持整洁，无干扰课堂秩序的行为（20 分）	20 分	
		实验完成后，设备无损坏，无干扰课堂秩序的行为（15 分）		
		无干扰课堂秩序的行为（10 分）		
		干扰课堂秩序（0 分）		
总得分				

任务小结

定时器 1 正/倒计数模式控制交通信号灯的思维导图如图 3-3-4 所示。

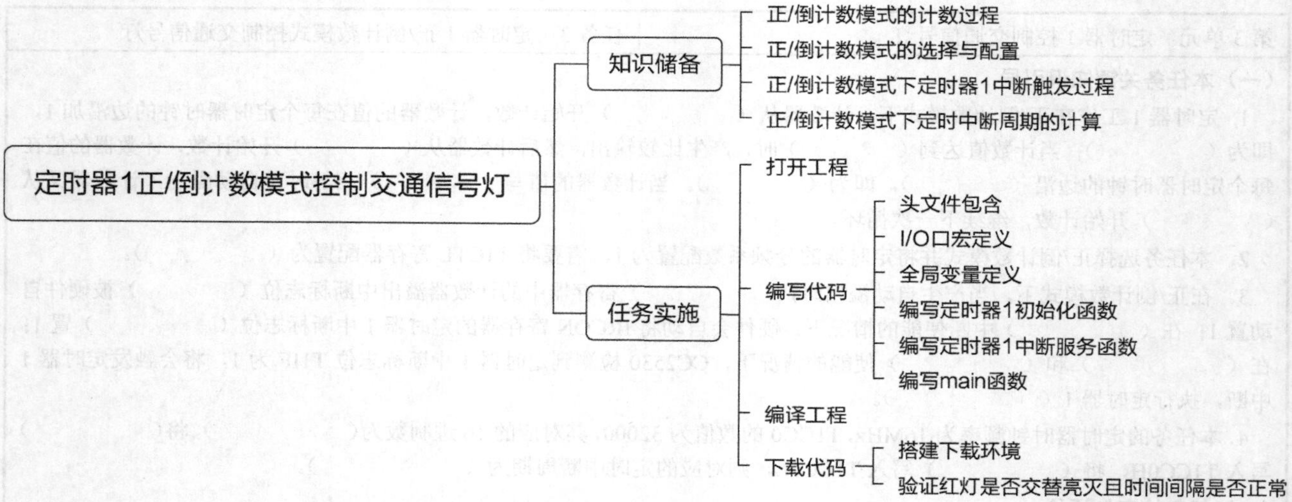

图 3-3-4　定时器 1 正/倒计数模式控制交通信号灯的思维导图

知识与技能提升

动动脑

请思考正/倒计数模式、自由运行模式、模模式三种工作模式的不同之处。

动动手

请在本任务代码的基础上进行修改，将绿灯、黄灯、红灯交替点亮的时间变为原来的 2 倍。

拓展练习

请在本任务代码的基础上进行修改，实现按键被按下时处于红灯亮（禁行）状态，而按键被松开时立刻恢复绿灯、黄灯、红灯交替点亮状态。

第 4 单元

串口命令控制交通信号灯

学习目标

1. 职业知识目标

掌握串口 UART 通信的物理层连接方式。

掌握串口 UART 通信的数据帧格式及通信波特率的配置方法。

掌握以扫描方式判断串口发送数据是否完成的方法。

掌握串口发送数据触发中断的过程。

掌握以扫描方式判断串口接收数据是否完成的方法。

掌握串口接收数据触发中断的过程。

掌握串口命令控制交通信号灯的方法。

2. 职业能力目标

能对与串口通信数据帧格式及通信波特率相关的寄存器进行配置。

能通过扫描方式和中断方式对串口发送数据的相关寄存器进行配置。

能通过扫描方式和中断方式对串口接收数据的相关寄存器进行配置。

能使用串口命令控制交通信号灯的开关。

3. 职业素养目标

通过严谨的开发流程和正确的编程思路培养勤于思考和认真做事的良好习惯。

通过互相帮助、共同学习并达成目标培养团队协作能力。

通过讲述、说明、回答问题和相互交流提升自我展示能力。

通过利用书籍或网络上的资料解决实际问题培养自我学习能力。

通过完成学习任务养成爱岗敬业、遵守职业道德规范、诚实守信的良好品质。

任务1 串口发送数据

任务描述与任务分析

任务描述:

串口发送数据，绿灯点亮。

模拟效果:

①黑板通电后，D5绿色LED熄灭（绿灯灭），串口发送数据0xAF。

②发送成功后，计算机接收到数据0xAF，D5绿色LED点亮（绿灯亮）。

③串口发送效果仅上电一次，不可循环。

任务分析:

串口以中断方式发送数据0xAF至计算机。

建议学生带着以下问题进行本任务的学习和实践。

- 什么是串口通信？串口通信的物理层如何连接？
- 什么是通信波特率？通信波特率如何设置？
- 串口通信的数据帧格式包括哪几部分？如何设置数据帧格式？
- 串口发送中断如何触发？
- 如何编写串口发送中断服务函数？

知识储备

1. 串行通信与并行通信

计算机与外界的信息交换称为通信。通信的基本方式分为串行通信和并行通信两种。

串行通信是指数据的各位在同一根数据线上依次逐位发送或接收的通信方式。每个数据位占据的时间长度固定，需要的数据线少，成本低，但传输速率小，效率低，特别适合于主机与主机、主机与外设之间的远距离通信，如图4-1-1所示。

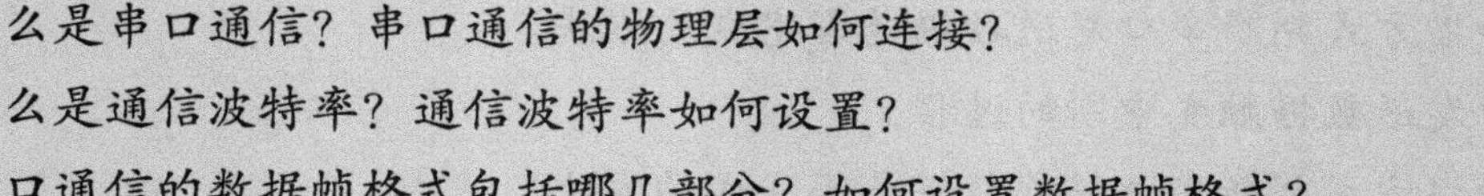

图4-1-1 串行通信

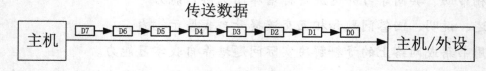

并行通信是指数据的各位同时在多根数据线上发送与接收的通信方式。并行通信的传输速率大，效率高，但需要的数据线较多，成本高，干扰大，可靠性差，一般适用于短距离通信，多用于计算机内部各部件之间的数据交换。目前，最常见的并行通信是计算机的CPU与内存之间的通信，如图 4-1-2 所示。

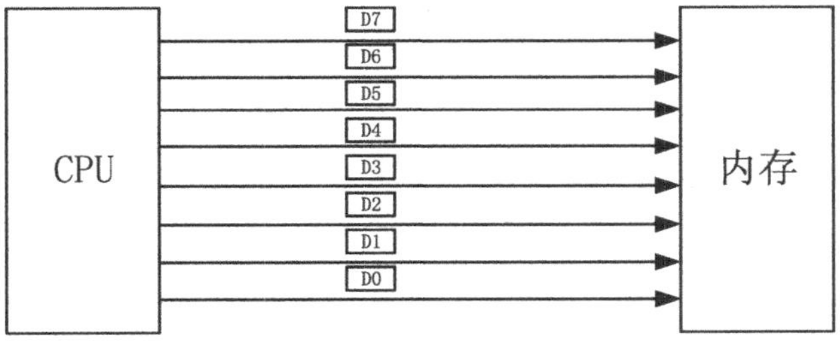

图 4-1-2　并行通信

2. CC2530 的串行通信

串行通信又分为同步串行通信和异步串行通信。CC2530 提供串口 0 和串口 1 两个串行通信接口，它们能分别运行于异步 UART 模式和同步 SPI 模式。

（1）同步 SPI 模式。

在同步 SPI 模式中，主机和从机共同使用一个时钟，用来实现主从同步。通信时，主机与从机之间以帧为单位进行数据传输，一次通信只传送一帧信息。同步 SPI 模式支持主从模式，当一个主机与一个或者多个从机之间建立通信时，需要 1 根单独的信号线来选择接收数据的从机。同步 SPI 模式共需要 5 根信号线，分别为地线 GND、从机选择线 CS、时钟信号线 CLK、主机输出/从机输入线 MOSI、主机输入/从机输出线 MISO，如图 4-1-3 所示。若整个同步 SPI 通信中只有 1 个从机，则可以去除从机选择线 CS。

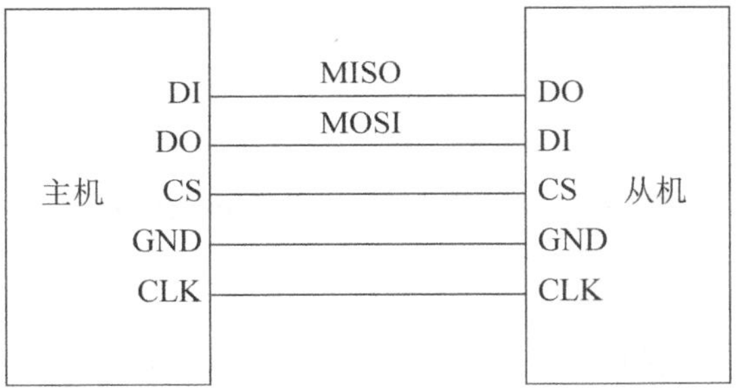

图 4-1-3　同步 SPI 模式的连线方式

同步 SPI 模式具有以下特点。

① 可以选择主模式或从模式，但整个同步 SPI 通信中只能有一个设备选择主模式，而其他设备选择从模式，即一个设备为主机，其他设备为从机。

② 可配置的 CLK 在常态下（未进行通信过程中）为高电平或低电平，同时可以选择在 CLK 的上升沿或下降沿传送数据位。

③ 每次至少发送一个字节数据，可配置为低位优先发送 LSB 或高位优先发送 MSB。

（2）异步 UART 模式。

在异步 UART 模式中，单片机与外设的时钟源不一样。因此双方通信时，要事先约定好每个数据位所占的时间长度 *T*，如图 4-1-4 所示。数据位所占的时间长度 *T* 越小，则 1s 中传送数据位的数量越多。1s 所传送的数据位数量为 $1/T$，也把 $1/T$ 称为通信波特率。

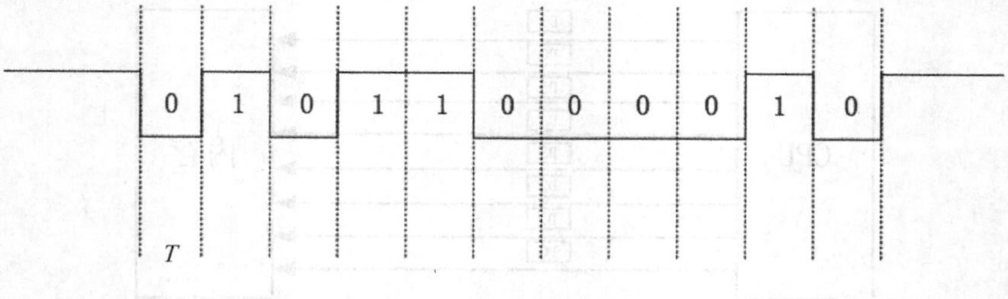

图 4-1-4　异步 UART 模式中数据位所占的时间长度

通信过程中并不是通信波特率越高越好，通信波特率越高，数据传输越容易受到外界的干扰。对于发送设备来说，通信波特率规定了发送数据的速率，而对于接收设备来说，通信波特率规定了对输入信号进行采样的时间间隔，即多长时间对输入信号采样一次。输入信号由高、低电平组成，若通信双方采用不同的通信波特率，则发送方发送的数据将与接收方接收的数据不一致。

异步 UART 模式需要三根线：地线 GND、发送 TXD/接收 RXD 线，接收 RXD/发送 TXD 线，其中一方的发送端与另一方的接收端连接，如图 4-1-5 所示。

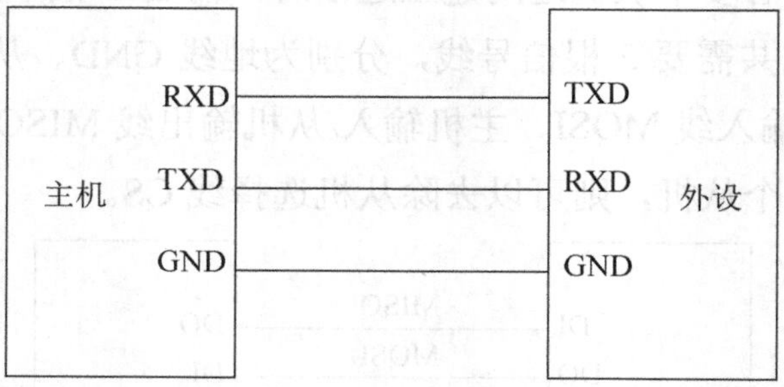

图 4-1-5　异步 UART 模式的连接方式

异步 UART 模式具有以下特点。

① 可配置为 8 位或 9 位数据通信，当采用 9 位数据通信时，第 9 位为奇偶校验位。

② 第 9 位可设置为奇校验、偶校验或无奇偶校验。

③ 可配置起始位和停止位电平状态，通常情况默认起始位为低电平，停止位为高电平。

④ 每次至少发送一个字节数据，可配置为低位优先发送或高位优先发送，通常情况下默认低位优先发送。

⑤ 可通过扫描方式进行数据收发，也可以设置独立的收发中断进行数据收发。

⑥ 可设置直接存储器访问（DMA）方式进行独立数据收发，减少数据收发过程中 CPU 的干预，提高 CPU 的利用效率。

⑦ 数据收发过程中具有奇偶校验和帧校验出错状态。

3. CC2530 的异步 UART 通信数据帧格式

异步 UART 通信数据帧由起始位、数据位、校验位（可选）和停止位组成，如图 4-1-6

所示。

起始位：低电平，用于标记数据帧传送的开始，接收端检测到传输线上发送过来的帧起始位时，确定发送端已开始发送数据。

数据位：紧随起始位，低位优先发送，高位在后，可以是 5～8 位，但通常为 8 位。

校验位：不一定有，为可选，用于对数据进行正确性检查，可设定为奇校验、偶校验和无奇偶校验三种方式。

停止位：高电平，用于标记数据帧传送的结束，接收端接收到该位时即知一帧数据已经传送完毕。停止位后，线路处于高电平，表示线路处于空闲状态，用于填充帧间的空隙。

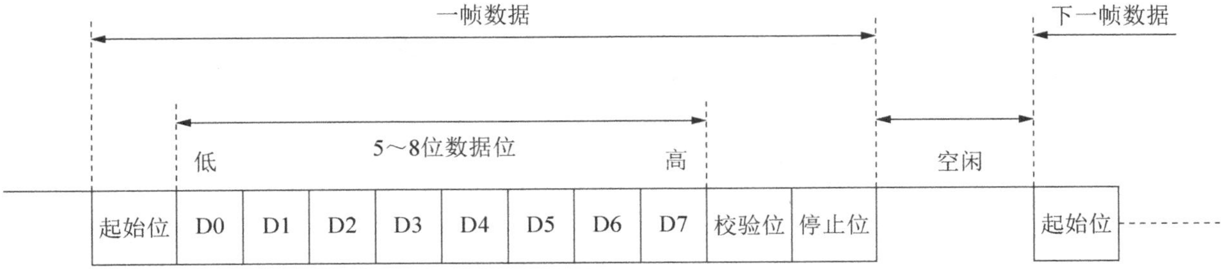

图 4-1-6　异步 UART 通信数据帧格式

> **温馨提示**
>
> 双方设备进行异步 UART 通信前，应先约定好异步 UART 通信数据帧格式和通信波特率。

4. CC2530 串口通信初始化

（1）时钟源选择。

在串口通信中，通信双方必须保持一致的通信波特率。通信波特率的配置与系统时钟频率的选择有关，不同的系统时钟频率对应通信波特率的配置也不一样。

在 CC2530 中，可以选择内部 RC 振荡器或外部晶体振荡器作为系统时钟源，但由于内部 RC 振荡器的时钟频率受外部环境因素影响，容易发生漂移，从而影响通信波特率，因此对于采用较高通信波特率的场合，通常选择外部晶体振荡器作为系统时钟源。

本任务所采用的通信波特率为 9600bps，而且实验室环境相对比较稳定，因此本任务采用系统默认的内部 16MHz RC 振荡器作为系统时钟源。

（2）硬件 I/O 口选择与配置。

CC2530 的 I/O 口既可以作为普通 I/O 口，也可以作为功能 I/O 口，通常每个功能 I/O 口可以指定两个不同位置的 I/O 口。

CC2530 的串口 0 和串口 1 的通信引脚可以指定在两个不同位置的 I/O 口上，分别为备用位置 1 和备用位置 2，如表 4-1-1 所示。当指定在备用位置 1 时，串口 0 的通信引脚被分配在 P0 端口组；当指定在备用位置 2 时，串口 0 的通信引脚被分配在 P1 端口组。

表 4-1-1　UART 总线资源

串口	位置	P0								P1							
		7	6	5	4	3	2	1	0	7	6	5	4	3	2	1	0
串口 0	备用位置 1			RT	CT	TX	RX										
	备用位置 2											TX	RX	RT	CT		
串口 1	备用位置 1			RX	TX	RT	CT										
	备用位置 2									RX	TX	RT	CT				

功能 I/O 口指定在备用位置 1 或备用位置 2 取决于 PERCFG 寄存器的配置。PERCFG 寄存器的功能说明如表 4-1-2 所示。

表 4-1-2　PERCFG 寄存器的功能说明

位	名称	复位值	操作	功能说明
7	—	0	R0	没有使用
6	T1CFG	0	R/W	定时器 1 的 I/O 口位置。 0：备用位置 1；　1：备用位置 2
5	T3CFG	0	R/W	定时器 3 的 I/O 口位置。 0：备用位置 1；　1：备用位置 2
4	T4CFG	0	R/W	定时器 4 的 I/O 口位置。 0：备用位置 1；　1：备用位置 2
3:2	—	00	R0	没有使用
1	U1CFG	0	R/W	串口 1 的 I/O 口位置。 0：备用位置 1；　1：备用位置 2
0	U0CFG	0	R/W	串口 0 的 I/O 口位置。 0：备用位置 1；　1：备用位置 2

PERCFG 寄存器的复位值为 0x00，表示 CC2530 复位后，串口 0 和串口 1 默认选择备用位置 1，即将 P0 端口组的 P0_2～P0_5 作为串口 0 通信 I/O 口，具体配置代码如下：

```
PERCFG=0x00;       //串口 0 和串口 1 均选用备用位置 1
```

不同的功能 I/O 口可能指定在相同的 I/O 引脚上，但当内部或外部信号同时触发时，此时 I/O 引脚会对哪种具体功能进行响应取决于 I/O 口外设引脚优先级，可通过配置 P2DIR 寄存器进行外设引脚优先级控制，如表 4-1-3 所示。

表 4-1-3　P2DIR 寄存器的功能说明

位	名称	复位值	操作	功能说明
7:6	PRIP0[1:0]	00	R/W	P0 端口组外设优先级控制。当 PERCFG 寄存器分配给一些外设相同引脚时，这些位将确定优先级，详细优先级如下。 00：第 1 优先级为串口 0；第 2 优先级为串口 1；第 3 优先级为定时器 1。 01：第 1 优先级为串口 1；第 2 优先级为串口 0；第 3 优先级为定时器 1。 10：第 1 优先级为定时器 1 通道 0～1；第 2 优先级为串口 1；第 3 优先级为串口 0；第 4 优先级为定时器 1 通道 2～3。 11：第 1 优先级为定时器 1 通道 2～3；第 2 优先级为串口 0；第 3 优先级为串口 1；第 4 优先级为定时器 1 通道 0～1

续表

位	名称	复位值	操作	功能说明
5	—	0	R0	没有使用
4:0	DIRP2_[4:0]	00000	R/W	P2_0 到 P2_4 的 I/O 方向

P2DIR 寄存器的复位值为 0x00，表示当多个功能 I/O 口指定在 P0 端口组的 P0_2～P0_5 引脚上时，串口 0 的优先级最高，具体配置代码如下：

```
1.  P2DIR  &= ~0xc0;      //串口 0 的优先级最高
```

（3）串口模式及数据帧格式配置。

CC2530 的串行模式分为同步 SPI 模式和异步 UART 模式。本任务代码初始化时需要选择异步 UART 模式，通过配置 U0CSR 寄存器选择异步 UART 模式，如表 4-1-4 所示。

表 4-1-4　U0CSR 寄存器的功能说明

位	名称	复位值	操作	功能说明
7	MODE	0	R/W	USART 模式选择。 0：同步 SPI 模式；　　1：异步 UART 模式
6	RE	0	R/W	启动 UART 接收器。注意 UART 完全配置之前不能接收。 0：禁止接收器；　　1：使能接收器
5	SLAVE	0	R/W	同步 SPI 主或从模式选择。 0：同步 SPI 主模式；　　1：同步 SPI 从模式
4	FE	0	R/W0	UART 帧错误状态。 0：未检测到帧错误；　　1：检测到帧错误
3	ERR	0	R/W0	UART 奇偶校验错误状态。 0：未检测到奇偶校验；　　1：字节收到奇偶错误
2	RX_BYTE	0	R/W0	接收字节状态，适用于异步 UART 模式和同步 SPI 模式。当读取 U0DBUF 寄存器时，该位自动清零，也可以通过写入数字 0 使该位清 0，从而有效丢弃 UODBUF 寄存器中的数据。 0：没有收到字节；　　1：接收字节就绪
1	TX_BYTE	0	R/W0	传送字节状态，适用于异步 UART 模式和同步 SPI 从模式。 0：字节没有传送； 1：写到数据缓存寄存器的最后字节已经传送
0	ACTIVE	0	R	USART 发送或接收活动状态。在同步 SPI 从模式下，此位等于从属选择。 0：USART 空闲； 1：USART 忙于传输或接收

本任务采用异步 UART 模式，因此上电后需要将 U0CSR.MODE 位置 1，具体配置代码如下：

```
1.  U0CSR  |= 0x80;      //选择异步 UART 模式
```

进行串口通信时，必须指定数据位的长度、是否有奇偶校验位及停止位的位数。通常情况下，数据位的长度为 8 位，无奇偶校验位，停止位为 1 位且无流控功能。CC2530 通过配置 U0GCR 寄存器和 U0UCR 寄存器完成对数据帧格式的定义，U0GCR 寄存器和 U0UCR 寄存器的功能说明分别如表 4-1-5 和表 4-1-6 所示。

表 4-1-5　U0GCR 寄存器的功能说明

位	名称	复位值	操作	功能说明
7	CPOL	0	R/W	SPI 时钟极性。 0：负时钟极性； 1：正时钟极性
6	CPHA	0	R/W	SPI 时钟相位。 0：时钟前沿采样，后沿输出； 1：时钟后沿采样，前沿输出
5	ORDER	0	R/W	传送位顺序。 0：低位优先传送； 1：高位优先传送
4:0	BAUD_E[4:0]	00000	R/W	通信波特率指数值。BAUD_E 和 BAUD_M 决定了 UART 通信波特率和 SPI 的主 SCK 时钟频率

表 4-1-6　U0UCR 寄存器的功能说明

位	名称	复位值	操作	功能说明
7	FLUSH	0	R/W1	清除单元。当设置为 1 时，该事件将会立即停止当前操作并返回单元的空闲状态
6	FLOW	0	R/W	UART 硬件流使能。 用 RTS 和 CTS 引脚选择硬件流控制的使用。 0：硬件流控制禁止；　1：硬件流控制使能
5	D9	0	R/W	UART 奇偶校验位。当使能奇偶校验时，写入 D9 的值决定发送第 9 位的值。如果收到的第 9 位不匹配收到字节的奇偶校验，接收报告 ERR。 0：奇校验；　1：偶校验
4	BIT9	0	R/W	UART 第 9 位数据使能。当该位是 1 时，使能奇偶校验位（第 9 位）传输。如果通过 PARITY 使能奇偶校验，第 9 位的内容是通过 D9 给出的。 0：8 位数据传输；　1：9 位数据传输
3	PARITY	0	R/W	UART 奇偶校验使能。除使能为奇偶校验时，必须选择 9 位数据传输模式。 0：禁用奇偶校验；　1：使能奇偶校验
2	SPB	0	R/W	UART 停止位数。选择要传送的停止位的位数。 0：1 位停止位；　1：2 位停止位
1	STOP	0	R/W	UART 停止位的电平必须不同于起始位的电平。 0：停止位低电平；　1：停止位高电平
0	START	0	R/W	UART 起始位电平，闲置线的极性采用选择的起始位电平的相反电平。 0：起始位低电平；　1：起始位高电平

U0UCR 寄存器和 U0GCR 寄存器的复位值都为 0x00，表示串口 0 采用低位先发送、无流控、8 位数据位、无奇偶校验位、起始位低电平、停止位低电平。通常串口通信过程都采用停止位高电平，因此需要将 U0UCR 寄存器的 STOP 位置 1，具体配置代码如下：

```
1.  U0UCR|=0x02;                //配置停止位为高电平
```

（4）通信波特率的计算及设置。

CC2530 串口通信波特率的大小不仅与通信波特率控制寄存器 U0BAUD、通用控制寄存器 U0GCR 有关，还与系统时钟频率的选择有关。在系统时钟频率确定的情况下，串口 0 的通信波特率由U0GCR寄存器的BAUD_E和U0BAUD寄存器的BAUD_M共同决定，U0BAUD寄存器的功能说明如表 4-1-7 所示。

表 4-1-7　U0BAUD 寄存器的功能说明

位	名称	复位值	操作	功能说明
7:0	BAUD_M[7:0]	0x00	R/W	通信波特率小数部分的值。BAUD_E 和 BAUD_M 决定了 UART 的通信波特率和 SPI 的主 SCK 时钟频率

通信波特率的计算公式为

$$\text{通信波特率}=\frac{(256+\text{BAUD\_M})\times 2^{\text{BAUD\_E}}}{2^{28}}\times f_{\text{系统时钟}}$$

式中，$f_{\text{系统时钟}}$为单片机的系统时钟频率，可取 16MHz 或 32MHz，本任务的系统时钟频率为 16MHz。

在系统时钟频率为 16MHz 情况下，常用的各个标准通信波特率所需的寄存器值如表 4-1-8 所示，表中的数值均为十进制数。

表 4-1-8　常用的各个标准通信波特率所需的寄存器值（系统时钟频率为 16MHz）

标准通信波特率（bps）	UxBAUD.BAUD_M	UxGCR.BAUD_E
1200	59	6
2400	59	7
4800	59	8
7200	216	8
9600	59	9
14400	216	9
19200	59	10
28800	216	10
38400	59	11
57600	216	11
115200	216	12

本任务设置的通信波特率为 9600bps，具体配置代码如下：

```
U0GCR |= 9;             //通信波特率选择
U0BAUD|= 59;            //通信波特率选择
```

5. CC2530 串口 0 发送数据过程

U0DBUF 寄存器为串口 0 接收/发送数据缓冲寄存器，用于存放串口 0 接收和发送的数据，如表 4-1-9 所示。虽然接收数据缓冲寄存器和发送数据缓冲寄存器的名字都为 U0DBUF，但它们指的是不同的物理寄存器，因此接收过程和发送过程同时访问 U0DBUF 寄存器，不会发生冲突。

表 4-1-9　U0DBUF 寄存器的功能说明

位	名称	复位值	操作	功能说明
7：0	DATA[7:0]	0x00	R/W	串口 0 用来接收和发送数据。当向这个寄存器写数据时，数据将被同步写入内部的发送移位寄存器；当读取该寄存器时，数据将来自内部的接收移位寄存器

CC2530 将需要发送的一个字节数据写入 U0DBUF 寄存器，然后通过 U0DBUF 寄存器将数据送入发送移位寄存器，发送移位寄存器将 8 位数据以通信波特率速度通过 TX 引脚逐位发送出去，如图 4-1-7 所示。

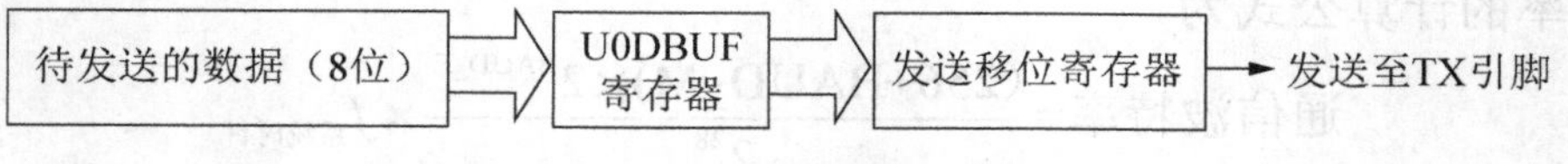

图 4-1-7　串口 0 发送数据原理

当发送移位寄存器的数据全部发送完毕后，硬件会自动将 IRCON2 寄存器中的串口 0 发送中断标志位 UTX0IF 置 1，可以通过中断方式或扫描方式判断数据是否发送完成。

6. CC2530 串口 0 发送中断触发条件

① 串口 0 发送中断标志位 UTX0IF 为 1，表示串口 0 发送完一个字节数据。

② 串口 0 发送中断使能（UTX0IE=1）。

③ 系统中断总开关使能（EA=1）。

在以上三个条件都满足的情况下，将会触发串口 0 发送中断。当串口 0 发送完一个字节数据后，串口 0 发送中断标志位 UTX0IF 被硬件自动置 1，在串口 0 发送中断和系统中断总开关都使能的情况下，单片机执行串口 0 发送中断服务函数且硬件自动将串口 0 发送中断标志位 UTX0IF 置 0。

本任务通过中断方式判断串口 0 数据是否发送完成，串口 0 发送中断使能的具体配置代码如下：

```
UTX0IE = 1;         //串口 0 发送中断使能
EA=1;               //系统中断总开关使能
```

7. 串口 0 接收中断服务函数

在串口 0 发送中断服务函数之前，通过宏指令“#pragma vector = 0x3B”或“#pragma vector = UTX0_VECTOR”将该中断服务函数指向串口 0 发送中断向量。因此，当串口 0 发送中断时，将会执行该中断服务函数。

通过“__interrupt”关键字声明串口 0 接收中断服务函数，如“__interrupt void UART0_Transmit_ISR(void)”。进入串口 0 发送中断服务函数后，硬件会自动将串口 0 发送中断标志位 UTX0IF 清 0，执行串口 0 发送完成的逻辑分析处理，可以把需要发送的下一个字节数据写入 U0DBUF 寄存器进行发送。

本任务中，串口 0 发送完“0xAF”字节数据后，执行串口 0 发送中断服务函数，打开红色交通信号灯，具体配置代码如下：

```
#pragma vector = UTX0_VECTOR
__interrupt void UART0_Transmit_ISR(void)
{
    LED_RED = 1;      //打开 D6 红色 LED
}
```

8. CC2530 与主机的连接及信号切换

传统主机的串口为 RS232 接口，无法与 CC2530 的串口直接建立连接，需要借助 MAX232 解决两者之间的信号差异。

（1）RS232 接口。

RS232 接口采用负逻辑，规定-15～-5V 信号电平表示逻辑 1，+5～+15V 信号电平表示逻辑 0，有效地提高了传输过程的抗干扰能力，增大了通信传输距离。

RS232 接口通常为 9 针的 D 型插头，又称为 DB9 接口，如图 4-1-8 所示。RS232 电缆两端分为公头（DB9 针式）和母头（DB9 孔式）。注意，RS232 接口中公头和母头的引脚排列顺序不同。

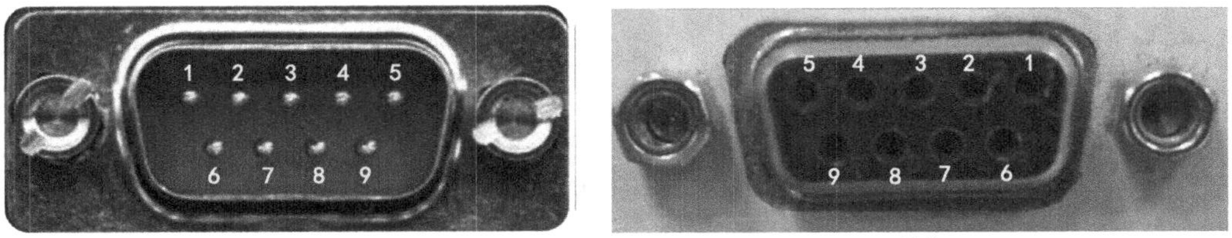

公头　　　　母头

图 4-1-8　RS232 接口

RS232 接口引脚的功能说明如表 4-1-10 所示。其中，2 号引脚 RXD（接收数据）、3 号引脚 TXD（发送数据）、5 号引脚 GND（接地）在通信中尤为重要，RS232 接口只需 3 根电线即可收发数据。

表 4-1-10　RS232 接口引脚的功能说明

引脚编号	名称	功能说明
1	+5V	外接+5V 辅助电源，可不用
2	RXD	接收数据
3	TXD	发送数据
4	DTR	数据终端准备好
5	GND	信号地
6	DSR	数据设备准备好
7	RTS	请求发送
8	CTS	允许发送
9	未用	不用

（2）MAX232 及主机与 CC2530 间的信号转换。

CC2530 的串口采用的是 TTL 电平，即+5V 表示 1，0V 表示 0，与 RS232 接口的电气特性不匹配，通过该接口与主机通信时必须进行输入/输出电平转换。

MAX232 是美信（MAXIM）公司专门为 RS232 接口设计的单电源电平转换芯片，内含一个电容性电压发生器。

单片机与主机建立的串行通信连接电路如图 4-1-9 所示。MAX232 的引脚 T2IN、T2OUT 实现单片机向主机的数据传送，引脚 R2IN、R2OUT 实现单片机从主机接收数据。

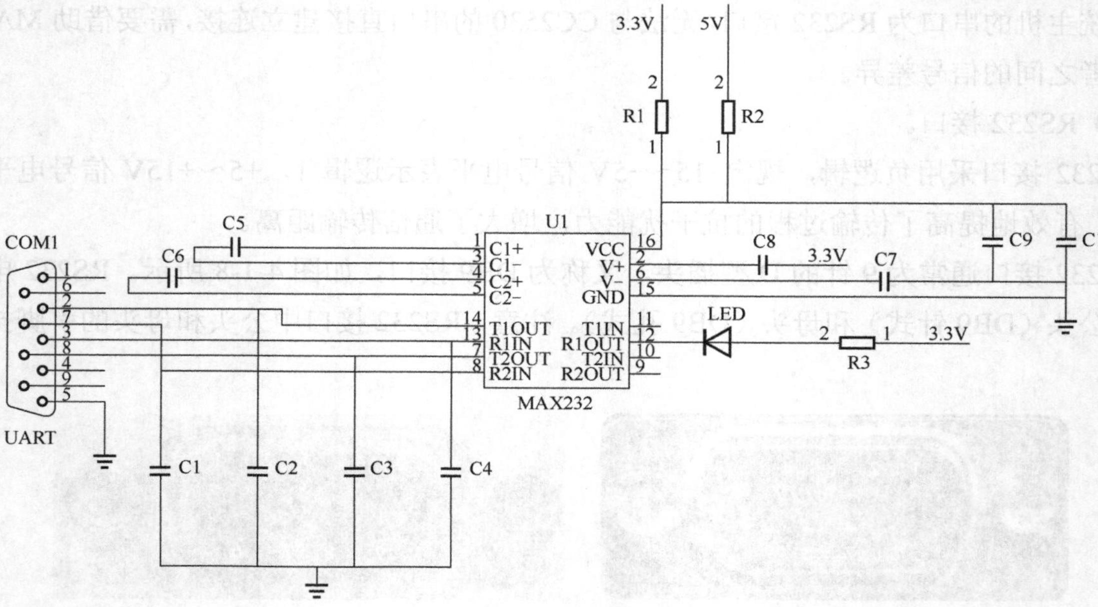

图 4-1-9　单片机与主机建立的串行通信连接电路

任务实施

任务实施前必须先准备好设备和资源，如表 4-1-11 所示。

表 4-1-11　任务 1 需准备的设备和资源

序号	设备/资源名称	数量	是否准备到位
1	计算机（已安装好 IAR 软件）	1 台	
2	NEWLab 实训平台	1 套	
3	CC Debugger 仿真器	1 套	
4	黑板	1 块	

任务实施导航

具体实施流程如下。

1. 打开工程

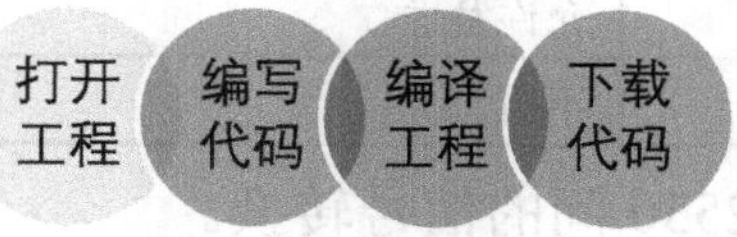

打开本书配套源代码文件夹中的“CC2530 单片机串口发送数据.ewp”工程。

2. 编写代码

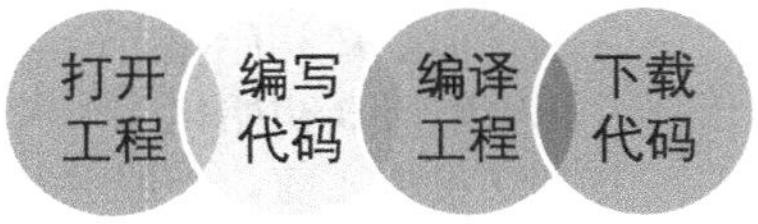

步骤 1：头文件包含。

```
#include <ioCC2530.h>
```

步骤 2：I/O 口宏定义。

```
#define    Led_green   P1_3         //将 P1_3 引脚宏定义为 D5 绿色 LED 控制引脚
```

步骤 3：编写串口 0 初始化函数。

```
void  InitUART(void)
{
  PERCFG = 0x00;               //串口 0 通信引脚选择备用位置 1
  P0SEL |= 0x0C;               //配置 P0_2 和 P0_3 引脚为外设功能
  P2DIR &= ~0xC0;              //外设多功能复用引脚串口 0 的优先级最高
  U0CSR |= 0x80;               //选择异步 UART 模式
  U0GCR |= 9;                  //设置通信波特率为 9600bps
  U0BAUD |= 59;                //设置通信波特率为 9600bps
  U0UCR |= 0x02;               //配置起始位低电平、停止位高电平、8 位数据通信、无奇偶校验
  UTX0IF=0;                    //串口发送中断标志位 UTX0IF 清 0
}
```

串口 0 初始化函数主要完成以下几项配置。

① 配置 PERCFG 寄存器，进行备用位置选择。

② 配置 P0SEL 寄存器，将 P0_2 和 P0_3 两个引脚配置为外设功能。

③ 配置 P2DIR 寄存器，进行多功能复用引脚优先级配置，将串口 0 的优先级设置为最高。

④ 配置 U0CSR 寄存器，选择异步 UART 模式。

⑤ 配置 U0GCR 寄存器和 U0BAUD 寄存器，选择通信波特率为 9600bps。

⑥ 配置 U0UCR 寄存器，进行数据帧格式配置。

⑦ 将发送中断标志位清 0。

步骤 4：编写串口 0 发送中断服务函数。

```
#pragma vector = UTX0_VECTOR
__interrupt void UART0_Transmit_ISR(void)
{
   Led_green = 1;       //点亮 D5 绿色 LED
}
```

当串口 0 发送完一个字节数据后，串口 0 发送中断标志位 UTX0IF 被硬件自动置 1，在串口 0 发送中断和系统中断总开关都使能的情况下，单片机将会执行串口 0 发送中断服务函数，同时硬件自动将串口 0 发送中断标志位清 0。在串口 0 发送中断服务函数中，将黑板上的 D5 绿色 LED 打开。

步骤 5：编写 main 函数。

```
void main()
{
```

```
CLKCONCMD = 0x00;                //切换时钟源为外部 32MHz 晶体振荡器
while(CLKCONSTA != 0x00);        //晶体振荡器稳定（CLKCONSTA 为 0）后跳出循环
    InitIO();                    //I/O 口初始化
    InitUART();                  //串口 0 初始化
    UTX0IF = 0;                  //发送之前，一般会将发送中断标志位置 0
    U0DBUF = 0xAF;               //将十六进制数 0xAF 写入 U0DBUF 寄存器
    while( UTX0IF==0 );          //判断数据是否发送完成，若未完成，则继续等待
    UTX0IF=0;                    //UTX0IF 置 0，为下次发送做准备
    Led_green=1;                         //点亮 D5 绿色 LED
    while(1);
}
```

在本任务代码中，应用了图 4-1-10 所示的知识点。

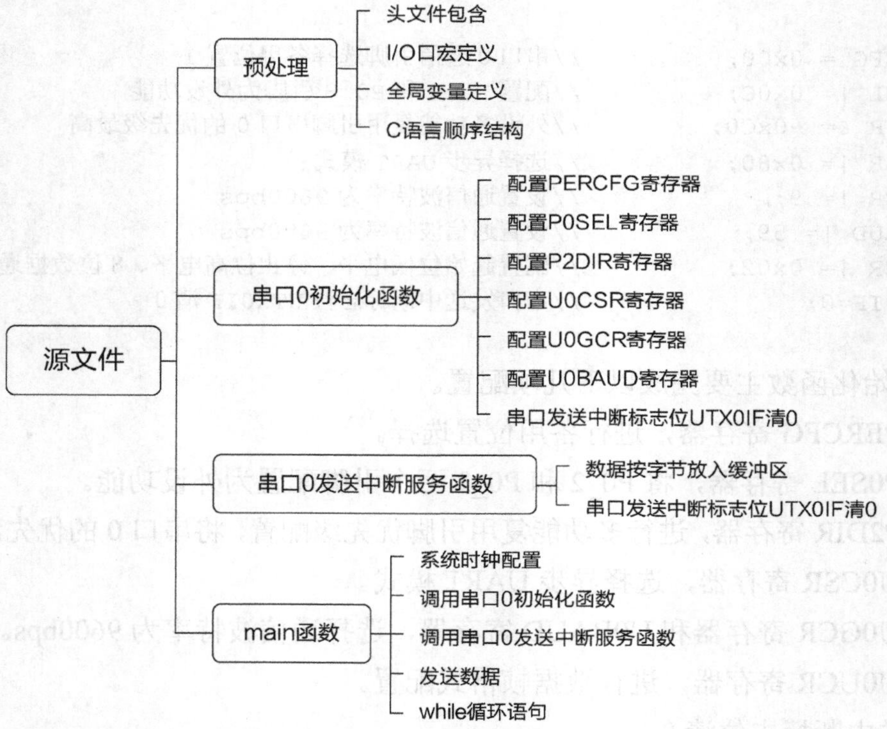

图 4-1-10　任务 1 代码中应用到的知识点

3. 编译工程

对工程进行编译，观察是否提示编译成功。如果出现错误或警告，需要认真检查修改，重新编译链接，直到没有错误和警告为止。

4. 下载代码

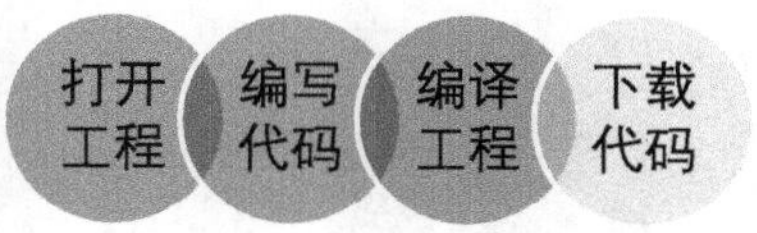

① 用 CC Debugger 仿真器的下载线连接黑板。

② 完成代码下载。

③ 黑板上电，观察计算机上串口调试助手是否接收到 0xAF 数据，同时黑板上的 D5 绿色 LED 是否点亮。

任务工单

本任务的任务工单如表 4-1-12 所示。

表 4-1-12　任务 1 的任务工单

第 4 单元　串口命令控制交通信号灯	任务 1　串口发送数据

（一）本任务关键知识引导

1．计算机与外界的信息交换称为通信，通信的基本方式分为（　　　　）和（　　　　）两种。

2．串行通信是指数据的各位在同一根数据线上（　　　　）发送或接收的通信方式；并行通信是指（　　　　）同时在多根数据线上发送与接收的通信方式。

3．CC2530 提供（　　　　）和（　　　　）两个串行通信接口，它们能分别运行于（　　　　）模式和（　　　　）模式。

4．异步 UART 通信数据帧由（　　　　）、（　　　　）、（　　　　）和（　　　　）组成，其中（　　　　）通常为可选的，（　　　　）通常为低电平，（　　　　）通常为高电平，（　　　　）通常为 8 位。

5．串口 0 的通信波特率由 U0GCR 寄存器的（　　　　）、U0BAUD 寄存器的（　　　　）及（　　　　）共同决定。

6．CC2530 在串口 0 发送数据过程中，当发送移位寄存器的数据全部发送完毕后，硬件会自动将 IRCON2 寄存器中的串口 0 发送中断标志位（　　　　）置（　　），可以通过（　　　　）或（　　　　）判断数据是否发送完成。

（二）任务检查与评价

评价方式		可采用自评、互评、教师评价等方式		
说明		主要评价学生在学习过程中的操作技能、理论知识、学习态度、课堂表现、学习能力等		
序号	评价内容	评价标准	分值	得分
1	知识运用（20%）	掌握相关理论知识，正确完成本任务关键知识的作答（20 分）	20 分	
2	专业技能（40%）	工程编译通过，串口调试助手数据接收正常（40 分）	40 分	
		工程编译通过，串口调试助手数据接收异常（30 分）		
		完成代码的输入，但工程编译没有通过（15 分）		
		打开工程错误或者输入部分代码（5 分）		
3	核心素养（20%）	具有良好的自主学习、分析解决问题、帮助他人的能力，整个任务过程中有指导他人并解决他人问题的行为（20 分）	20 分	
		具有较好的学习能力和分析解决问题的能力，任务过程中无指导他人的行为（15 分）		
		具有主动学习并收集信息的能力，遇到问题能请教他人并得以解决（10 分）		
		不主动学习（0 分）		
4	职业素养（20%）	实验完成后，设备无损坏且摆放整齐，工位区域内保持整洁，无干扰课堂秩序的行为（20 分）	20 分	
		实验完成后，设备无损坏，无干扰课堂秩序的行为（15 分）		
		无干扰课堂秩序的行为（10 分）		
		干扰课堂秩序（0 分）		
总得分				

任务小结

串口发送数据的思维导图如图 4-1-11 所示。

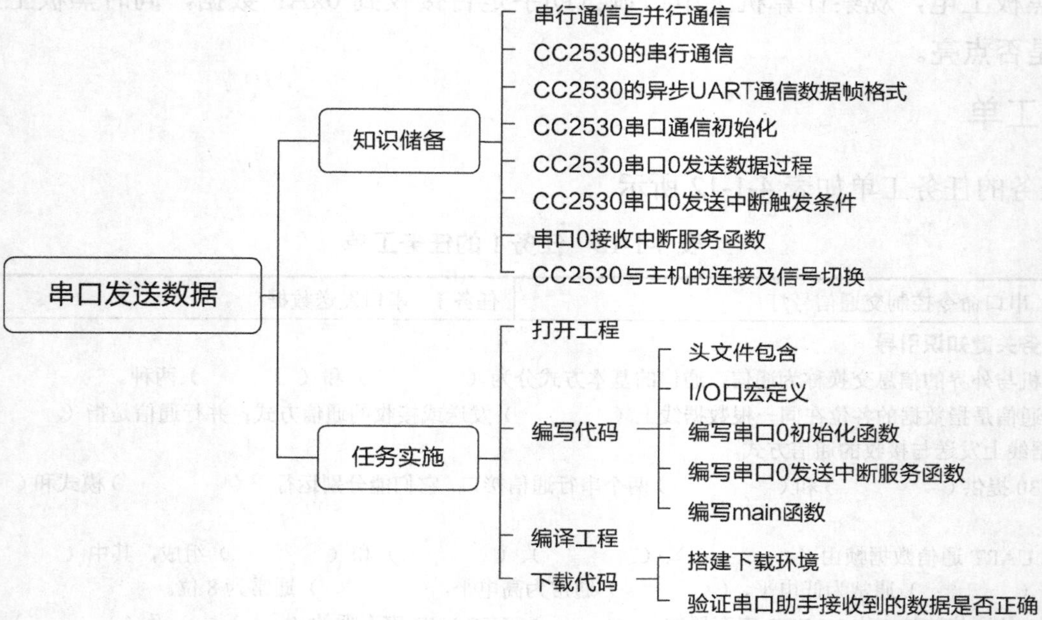

图 4-1-11　串口发送数据的思维导图

知识与技能提升

动动脑

请思考并行通信与串行通信的优缺点。

动动手

请在本任务代码的基础上进行修改，将 CC2530 发送的数据改为 0xCF，观察计算机上的串口调试助手是否正确接收到十六进制数 0xCF。

拓展练习

请在本任务代码基础上进行修改，实现单片机每秒发送一个字节数据 0xAF 至计算机。

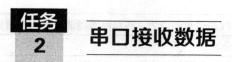

任务 2　串口接收数据

任务描述与任务分析

任务描述：

串口接收数据，黄灯点亮。

模拟效果：
①黑板通电后，D3 绿色 LED 熄灭（黄灯灭），串口接收数据等待中。
②计算机发送数据 0xBF。
③串口接收数据 0xBF，D3 绿色 LED 点亮（黄灯亮）。
④串口接收效果仅上电一次，不可循环。
任务分析：
串口以扫描方式接收数据。
建议学生带着以下问题进行本任务的学习和实践。
- 串口接收数据的流程是什么？
- 如何通过扫描方式实现串口接收数据？

知识储备

1. CC2530 串口 0 接收数据过程

串口 0 从接收引脚 RX0 以通信波特率速度一位一位地接收数据，并传送到接收移位寄存器，当接收到一个完整的字节数据后，移位寄存器的数据将被传送至 U0DBUF 寄存器，如图 4-2-1 所示。

图 4-2-1　串口 0 接收数据原理

当接收移位寄存器的数据被传送至 U0DBUF 寄存器时，硬件会自动将 TCON 寄存器的串口 0 接收中断标志位 URX0IF 置 1，可以通过中断方式或扫描方式判断是否接收到完整的字节数据。TCON 寄存器的功能说明如表 4-2-1 所示。

表 4-2-1　TCON 寄存器的功能说明

位	名称	复位值	操作	功能说明
7	URX1IF	0	R/WH0	串口 1 接收中断标志位。当串口 1 接收中断发生时设为 1 且当 CPU 指向中断向量例程时清除。 0：无中断未决；　1：中断未决
6	—	0	R/W	没有使用
5	ADCIF	0	R/WH0	ADC 中断标志位。当 ADC 中断发生时设为 1 且当 CPU 指向中断向量例程时清除。 0：无中断未决；　1：中断未决
4	—	0	R/W	没有使用
3	URX0IF	0	R/WH0	串口 0 接收中断标志位。当串口 0 接收中断发生时设为 1 且当 CPU 指向中断向量例程时清除。 0：无中断未决；　1：中断未决

续表

位	名称	复位值	操作	功能说明
2	IT1	1	R/W	保留。必须一直设为1，设为0将使能低级别中断探测，几乎总是如此（启动中断请求时执行一次）
1	RFERRIF	0	R/WH0	RF TX/RX FIFO中断标志位。当RFERR中断发生时设为1且当CPU指向中断向量例程时清除。 0：无中断未决； 1：中断未决
0	IT0	1	R/W	保留。必须一直设为1，设为0将使能低级别中断探测，几乎总是如此（启动中断请求时执行一次）

本任务在初始化时将串口0接收中断标志位URX0IF置0，然后通过扫描方式不断检测串口0接收中断标志位URX0IF的值。当检测到串口0接收中断标志位URX0IF为1时，表示接收到一个字节数据，通过软件操作将串口0接收中断标志位URX0IF置0，然后读取U0DBUF寄存器的内容，进入串口0接收逻辑分析处理。具体配置代码如下：

```
URX0IF = 0;                    //清除串口0接收中断标志位
......
while( URX0IF ==0 );           //等待接收数据
URX0IF = 0;                    //清除串口0接收中断标志位
//进入串口0接收逻辑分析处理
```

温馨提示

通过扫描方式不断检测串口0接收中断标志位URX0IF是否为1，当检测到串口0接收中断标志位URX0IF为1时，表示接收到一个完整的字节数据，这时从U0DBUF寄存器读取接收数据时，硬件不会自动将串口0接收中断标志位URX0IF置0。因此在从U0DBUF寄存器读取接收数据之前，需要通过软件操作将串口0接收中断标志位URX0IF置0，再读取U0DBUF寄存器的内容进行接收逻辑分析处理。

2. **CC2530串口0接收初始化**

CC2530串口0接收初始化与本单元任务1的“CC2530串口通信初始化”基本一致，也是完成时钟源选择、硬件I/O口选择与配置、串口模式及数据帧格式配置、通信波特率的计算及设置这四项任务。完成四项基本配置之后，需将U0CSR寄存器中的MODE位和RE位置1，选择异步UART模式并使能UART接收器，具体配置代码如下：

```
U0CSR |= 0xC0;                 //选择异步UART模式，允许串口0接收
```

任务实施

任务实施前必须先准备好设备和资源，如表4-2-2所示。

表4-2-2 任务2需准备的设备和资源

序号	设备/资源名称	数量	是否准备到位
1	计算机（已安装好IAR软件）	1台	
2	NEWLab实训平台	1套	

续表

序号	设备/资源名称	数量	是否准备到位
3	CC Debugger 仿真器	1 套	
4	黑板	1 块	

任务实施导航

具体实施流程如下。

1. 打开工程

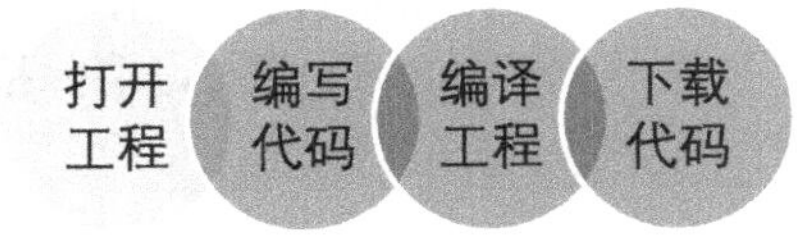

打开本书配套源代码文件夹中的“单片机串口接收数据.ewp”工程。

2. 编写代码

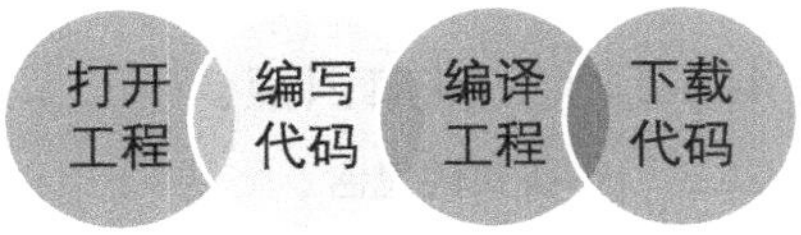

步骤 1：头文件包含。

```
#include <ioCC2530.h>
```

步骤 2：I/O 口宏定义。

```
#define Led_yellow  P1_0 //将 P1_0 引脚宏定义为 D3 绿色 LED 控制引脚
```

步骤 3：编写串口 0 初始化函数。

```
void  InitUART(void)
{
  PERCFG = 0x00;          //串口 0 通信引脚选择备用位置 1
  P0SEL |= 0x0C;          //配置 P0_2 和 P0_3 引脚为外设功能
  P2DIR &= ~0xC0;         //外设多功能复用引脚串口 0 的优先级最高
  U0CSR |= 0x80;          //选择异步 UART 模式
  U0GCR |= 9;             //设置通信波特率为 9600bps
  U0BAUD |= 59;           //设置通信波特率为 9600bps
  U0UCR |= 0x02;          //配置起始位低电平、停止位高电平、8 位数据通信、无奇偶校验
  U0CSR |= 0x40;          //使能串口 0 接收
}
```

串口 0 初始化函数主要完成以下几项配置。

① 配置 PERCFG 寄存器，进行备用位置选择。

② 配置 P0SEL 寄存器，将 P0_2 和 P0_3 两个引脚配置为外设功能。

③ 配置 P2DIR 寄存器，进行多功能复用引脚优先级配置，将串口 0 的优先级设置为最高。

④ 配置 U0CSR 寄存器，选择异步 UART 模式。

⑤ 设置 U0GCR 寄存器和 U0BAUD 寄存器，选择通信波特率为 9600bps。

⑥ 设置 U0UCR 寄存器，进行数据帧格式配置。

⑦ 在 U0CSR 寄存器原来的基础上将 RE 位置 1，使能串口 0 接收。

步骤 4：编写 main 函数。

```
void main()
{
CLKCONCMD = 0x00;                //切换时钟源为外部 32MHz 晶体振荡器
while(CLKCONSTA != 0x00);        //晶体振荡器稳定（CLKCONSTA 为 0）后跳出循环
    InitIO();                    //I/O 口初始化
    InitUART();                  //串口 0 初始化
    URX0IF = 0;                  //初始化之后，一般会将接收中断标志位置 0
    while( URX0IF==0 );          //判断是否接收到，若未接收到，则继续等待
    URX0IF=0;                    //URX0IF 置 0，清除接收中断标志位
    If( U0DBUF==0xBF )
   {
     Led_yellow =1;                  //点亮 D3 绿色 LED
   }
    while(1);
}
```

在本任务代码中，应用了图 4-2-2 所示的知识点。

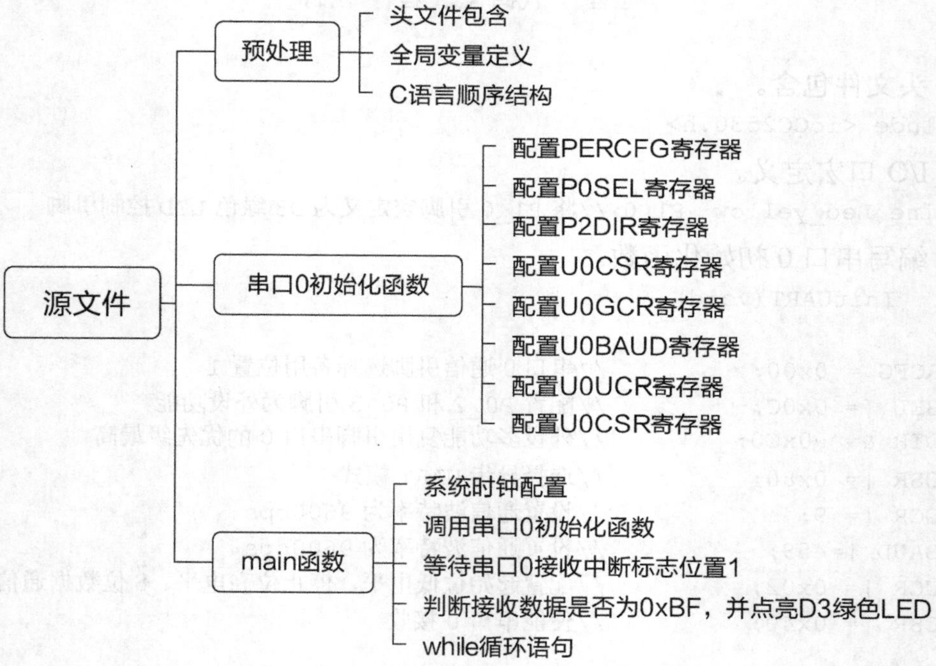

图 4-2-2　任务 2 代码中应用到的知识点

3. 编译工程

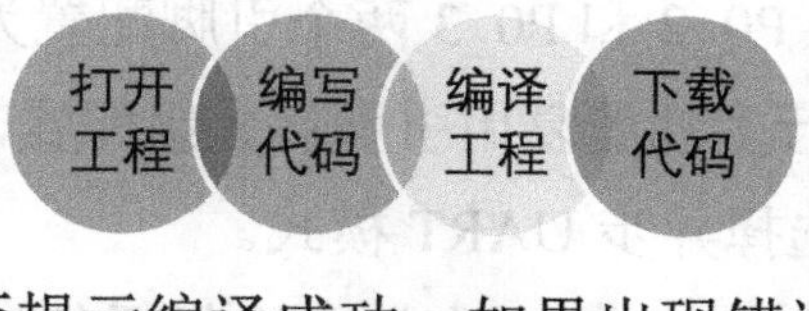

对工程进行编译，观察是否提示编译成功。如果出现错误或警告，需要认真检查修改，

重新编译链接，直到没有错误和警告为止。

4．下载代码

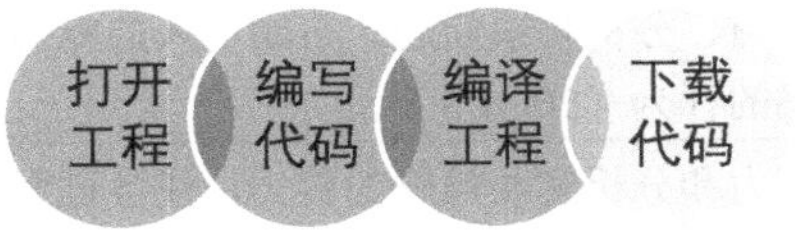

① 用 CC Debugger 仿真器的下载线连接黑板。

② 完成代码下载。

③ 黑板上电，计算机利用串口调试助手发送 0xBF 数据，观察黑板上的 D3 绿色 LED 是否点亮，如果 D3 绿色 LED 点亮，则表示 CC2530 接收到 0xBF 数据。

任务工单

本任务的任务工单如表 4-2-3 所示。

表 4-2-3　任务 2 的任务工单

第 4 单元　串口命令控制交通信号灯	任务 2　串口接收数据

（一）本任务关键知识引导

1．CC2530 串口 0 从接收引脚（　　　　）以（　　　　　）速度一位一位地接收数据，并传送到（　　　　　　　），当接收到一个完整的字节数据后，（　　　　　）的数据将被传送至（　　　　　）寄存器中。

2．当移位寄存器的数据被传送至 U0DBUF 寄存器时，硬件会（　　　）将（　　　）寄存器的串口 0 接收中断标志位（　　　　）置（　　），可以通过（　　　　　）或（　　　　　）判断是否接收到完整的字节数据。

3．通过扫描方式判断是否接收到完整字节数据时，首先将串口 0 接收中断标志位 URX0IF 置（　　），然后（　　　）检测串口 0 接收中断标志位 URX0IF 的状态；当检测到串口 0 接收中断标志位 URX0IF 为（　　）时，表示接收到完整的一个字节数据，通过软件操作将串口 0 接收中断标志位 URX0IF 置（　　），然后读取（　　　　）寄存器的内容，进入串口 0 接收逻辑分析处理。

4．CC2530 串口 0 接收初始化完成四项基本配置之后，需将 U0CSR 寄存器中的（　　）位置 1，选择异步 UART 模式并（　　）UART 接收器。

（二）任务检查与评价

评价方式		可采用自评、互评、教师评价等方式		
说明		主要评价学生在学习过程中的操作技能、理论知识、学习态度、课堂表现、学习能力等		
序号	评价内容	评价标准	分值	得分
1	知识运用（20%）	掌握相关理论知识，正确完成本任务关键知识的作答（20 分）	20 分	
2	专业技能（40%）	工程编译通过，串口调试助手发送 0xBF 数据，黑板上的 D3 绿色 LED 工作正常（40 分）	40 分	
		工程编译通过，串口调试助手发送 0xBF 数据，黑板上的 D3 绿色 LED 工作异常（30 分）		
		完成代码的输入，但工程编译没有通过（15 分）		
		打开工程错误或输入部分代码（5 分）		

续表

续表

序号	评价内容	评价标准	分值	得分
3	核心素养（20%）	具有良好的自主学习、分析解决问题、帮助他人的能力，任务过程中有指导他人并解决他人问题的行为（20 分）	20 分	
		具有较好的学习能力和分析解决问题的能力，任务过程中无指导他人的行为（15 分）		
		具有主动学习并收集信息的能力，遇到问题能请教他人并得以解决（10 分）		
		不主动学习（0 分）		
4	职业素养（20%）	实验完成后，设备无损坏且摆放整齐，工位区域内保持整洁，无干扰课堂秩序的行为（20 分）	20 分	
		实验完成后，设备无损坏，无干扰课堂秩序的行为（15 分）		
		无干扰课堂秩序的行为（10 分）		
		干扰课堂秩序（0 分）		
总得分				

任务小结

串口接收数据的思维导图如图 4-2-3 所示。

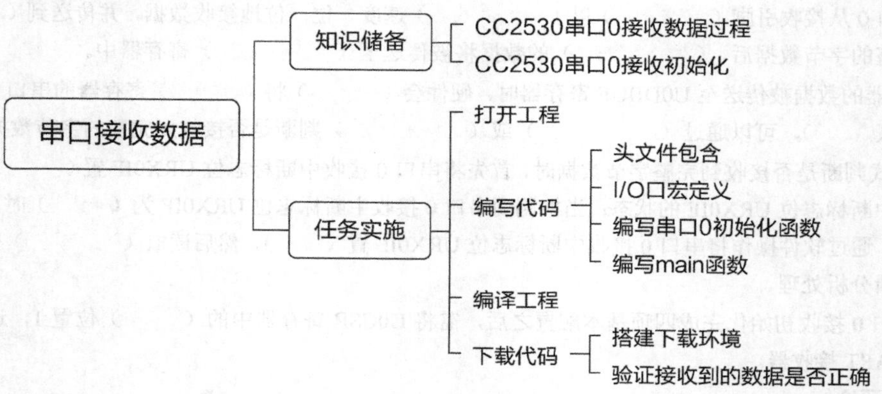

图 4-2-3　串口接收数据的思维导图

知识与技能提升

动动脑

思考：通过扫描方式实现串口接收数据的缺点是什么？

动动手

请在本任务代码的基础上进行修改，要求只有 CC2530 接收到的十六进制数为 0xAA 才点亮 D3 绿色 LED。

拓展练习

请在本任务代码基础上进行修改，实现当 CC2530 接收到的数据为 0xFF 时，点亮 D3 绿色 LED；当 CC2530 接收到的数据为 0x00 时，熄灭 D3 绿色 LED。

任务 3　使用串口命令控制交通信号灯

任务描述与要求

任务描述：

串口命令控制红灯。

模拟效果：

①黑板上电后，D6 红色 LED 熄灭（红灯灭），串口接收数据等待中。

②计算机发送数据 0xCF。

③串口接收数据 0xCF，D6 红色 LED 点亮（红灯亮）。

④串口发送应答数据 0xCF，计算机接收到应答数据 0xCF。

⑤串口收发控制效果仅上电一次，不可循环。

任务分析：

串口以中断方式接收数据；串口以扫描方式发送应答数据。

建议学生带着以下问题进行本任务的学习和实践。

- 串口接收中断的流程是什么？
- 如何编写串口接收中断服务函数？
- 串口通过扫描方式发送数据的流程是什么？

知识储备

1. 串口 0 接收中断触发条件

① 串口 0 接收中断标志位 URX0IF 为 1，表示串口 0 接收到一个字节数据。

② 串口 0 接收中断使能（URX0IE=1）。

③ 系统中断总开关使能（EA=1）。

在以上三个条件都满足的情况下，CPU 将会触发串口 0 接收中断。当串口 0 接收到一个完整的字节数据后，串口 0 接收中断标志位 URX0IF 被硬件自动置 1，在串口 0 接收中断和系统总中断开关都使能的情况下，单片机执行串口 0 接收中断服务函数且硬件自动将串口 0 接收中断标志位 URX0IF 置 0。串口 0 采用中断方式接收数据的中断使能配置代码如下：

```
URX0IE = 1;          //串口 0 接收中断使能
EA=1;                //系统中断总开关使能
```

2. 串口 0 接收中断服务函数

在串口 0 接收中断服务函数之前，通过宏指令“#pragma vector = 0x13”或“#pragma vector

= URX0_VECTOR”将该中断服务函数指向串口 0 接收中断向量。因此，当串口 0 接收中断时，将会执行该中断服务函数。

通过“__interrupt”关键字声明串口 0 接收中断服务函数，如“__interrupt void UART0_Receive_ISR(void)”。进入串口 0 中断服务函数后，硬件会自动将串口 0 接收中断标志位 URX0IF 置 0，同时软件上必须尽快将 U0DBUF 寄存器的数据读出并保存在接收数据缓冲区中，空出的 U0DBUF 寄存器开始准备接收下一个字节数据。

本任务声明 Rec_Data 为字节型全局变量并将其初始化为 0x00，用于存放 U0DBUF 寄存器的数据，具体参考代码如下：

```
#pragma vector = URX0_VECTOR
__interrupt void UART0_Receive_ISR(void)
{
  Rec_Data=U0DBUF;     //将接收到的数据存放到接收数据缓冲区 Rec_Data 中
}
```

3. 扫描方式判断串口 0 发送状态

当串口 0 发送完成一个字节数据后，串口 0 发送中断标志位 UTX0IF 会被硬件置 1，这时候可以通过软件不断循环检测串口 0 发送中断标志位 UTX0IF 的状态，从而判断串口 0 是否完成一个字节的数据发送。通过扫描方式判断串口 0 发送数据是否完成时，硬件不会自动将串口 0 发送中断标志位 UTX0IF 置 0。因此，当检测到串口 0 发送中断标志位为 1 时，需要通过软件操作将该中断标志位置 0，才能保证下一个字节数据的正常发送。

本任务在串口 0 数据发送过程中，先将串口 0 发送中断标志位 UTX0IF 置 0，将需要发送的数据写入 U0DBUF 寄存器；然后不断循环检测串口 0 发送中断标志位 UTX0IF 的状态，当检测到该中断标志位为 1 时，表示发送完成，软件将该中断标志位置 0 并执行发送完成的逻辑分析处理。整个串口 0 数据发送过程的具体配置代码如下：

```
......
UTX0IF = 0;                     //发送之前，将串口 0 发送中断标志位置 0
U0DBUF = 0xAF;                  //将十六进制数 0xAF 写入 U0DBUF 寄存器
while( UTX0IF==0 );             //判断数据是否发送完成，若未完成，则继续等待
UTX0IF=0;                       //将 UTX0IF 置 0，为下次发送做准备
......                          //串口 0 发送完成逻辑分析处理
```

任务实施

任务实施前必须先准备好设备和资源，如表 4-3-1 所示。

表 4-3-1　任务 3 需准备的设备和资源

序号	设备/资源名称	数量	是否准备到位
1	计算机（已安装好 IAR 软件）	1 台	
2	NEWLab 实训平台	1 套	
3	CC Debugger 仿真器	1 套	
4	黑板	1 块	

任务实施导航

具体实施流程如下。

1. 打开工程

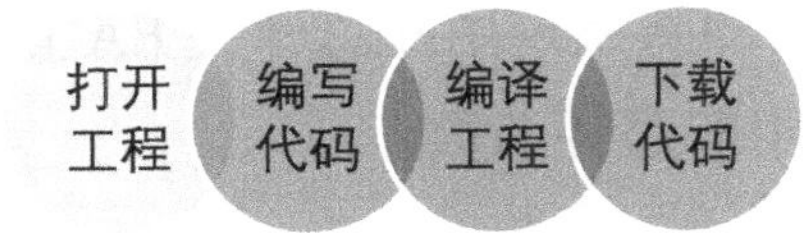

打开本书配套源代码文件夹中的“串口命令控制交通信号灯.ewp”工程。

2. 编写代码

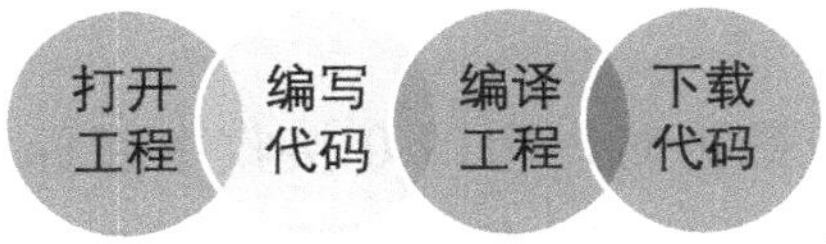

步骤 1：头文件包含。

```
#include <ioCC2530.h>
```

步骤 2：I/O 口宏定义。

```
#define  Led_red   P1_4            //将 P1_4 引脚宏定义为 D6 红色 LED 控制引脚
```

步骤 3：全局变量定义。

```
unsigned char Rec_Data = 0x00;  //定义串口接收数据缓冲区并初始化为 0x00
```

步骤 4：编写串口 0 初始化函数。

```
void  InitUART(void)
{
  PERCFG = 0x00;            //串口 0 引脚选择备用位置 1
  P0SEL |= 0x0C;            //配置 P0_2 和 P0_3 引脚为外设功能
  P2DIR &= ~0xC0;           //外设多功能复用引脚串口 0 的优先级最高
  U0CSR |= 0x80;            //选择异步 UART 模式
  U0GCR |= 9;               //设置通信波特率为 9600bps
  U0BAUD |= 59;             //设置通信波特率为 9600bps
  U0UCR |= 0x02;            //配置起始位低电平、停止位高电平、8 位数据通信、无奇偶校验
  URX0IF=0;                 //接收中断标志位 URX0IF 清 0
  U0CSR |= 0x40;            //允许串口 0 接收
  URX0IE =1;                //使能串口 0 中断
  EA =1;                    //使能系统中断总开关
}
```

串口 0 初始化函数主要完成以下几项配置。

① 配置 PERCFG 寄存器，进行备用位置选择。

② 配置 P0SEL 寄存器，将 P0_2 和 P0_3 两个引脚配置为外设功能。

③ 配置 P2DIR 寄存器，进行多功能复用引脚优先级配置，将串口 0 的优先级设置为最高。

④ 配置 U0CSR 寄存器，选择异步 UART 模式。

⑤ 配置 U0GCR 寄存器和 U0BAUD 寄存器，设置通信波特率为 9600bps。

⑥ 配置 U0UCR 寄存器，进行数据帧格式配置。

⑦ 将串口 0 接收中断标志位 URX0IF 清 0。

⑧ 在 U0CSR 寄存器原来的基础上将 RE 位置 1，使能串口 0 接收。

⑨ 使能串口 0 接收中断，即将串口 0 使能开关 URX0IE 置 1。

⑩ 使能系统中断总开关，即将系统中断总开关 EA 置 1。

步骤 5：编写串口 0 接收中断服务函数。

```
#pragma vector = URX0_VECTOR
__interrupt void UART0_ISR(void)
{
  URX01F=0; //执行串口 0 接收中断服务函数，硬件自动将串口 0 接收中断标志位 URX0IF 清 0
  Rec_Data=U0DBUF;    //将接收到的数据放入接收数据缓冲区 Rec_Data 中
}
```

当串口 0 接收到一个字节数据时，串口 0 接收中断标志位 URX0IF 被硬件自动置 1，在串口 0 接收中断和系统中断总开关都使能的情况下，CPU 将会执行串口 0 接收中断服务函数，同时硬件自动将串口 0 接收中断标志位清 0。在串口 0 接收中断服务函数中，将串口 0 接收移位寄存器 U0DBUF 的数据放入接收数据缓冲区 Rec_Data 中，然后继续下一次接收。

步骤 6：编写 main 函数。

```
void main(void)
{
CLKCONCMD = 0x00;                //切换时钟源为外部 32MHz 晶体振荡器
while(CLKCONSTA != 0x00);        //晶体振荡器稳定（CLKCONSTA 为 0）后跳出循环
      InitIO();
  InitUART();                    //串口 0 初始化
  while(1)                       //无限循环
  {
    if(Rec_Data == 0xAF)         //判断串口 0 接收到的数据是否为 0xAF
    {
      Rec_Data = 0x00;           //数据清 0，串口 0 接收到数据才会改变此缓冲区的值
      UTX0IF = 0;                //串口 0 发送中断标志位清 0
      U0DBUF= 0xBF;              //将 0xBF 写入发送移位寄存器中
      while( UTX0IF==0 );        //等待串口 0 数据发送完成，硬件自动将串口 0 发送中断标志
位置 1
      UTX0IF=0;                  //发送完成，软件将串口 0 发送中断标志位清 0
      Led_red=~Led_red;          //D6 红色 LED 状态翻转
    }
  }
}
```

在一个需要利用串口进行收发数据的任务中，通常通过扫描方式判断数据是否发送完成，而通过中断方式判断是否接收到数据。

本任务采用中断方式判断串口 0 是否接收到十六进制数 0xBF，当接收到数据 0xBF 时，将应答数据 0xAF 发送给计算机，并通过扫描方式不断循环检测，判断是否发送成功。当应答

数据发送成功之后，将红灯的状态翻转，即黑板上 D6 红色 LED 状态翻转，然后进入下一次的串口 0 数据接收。

在本任务代码中，应用了图 4-3-1 所示的知识点。

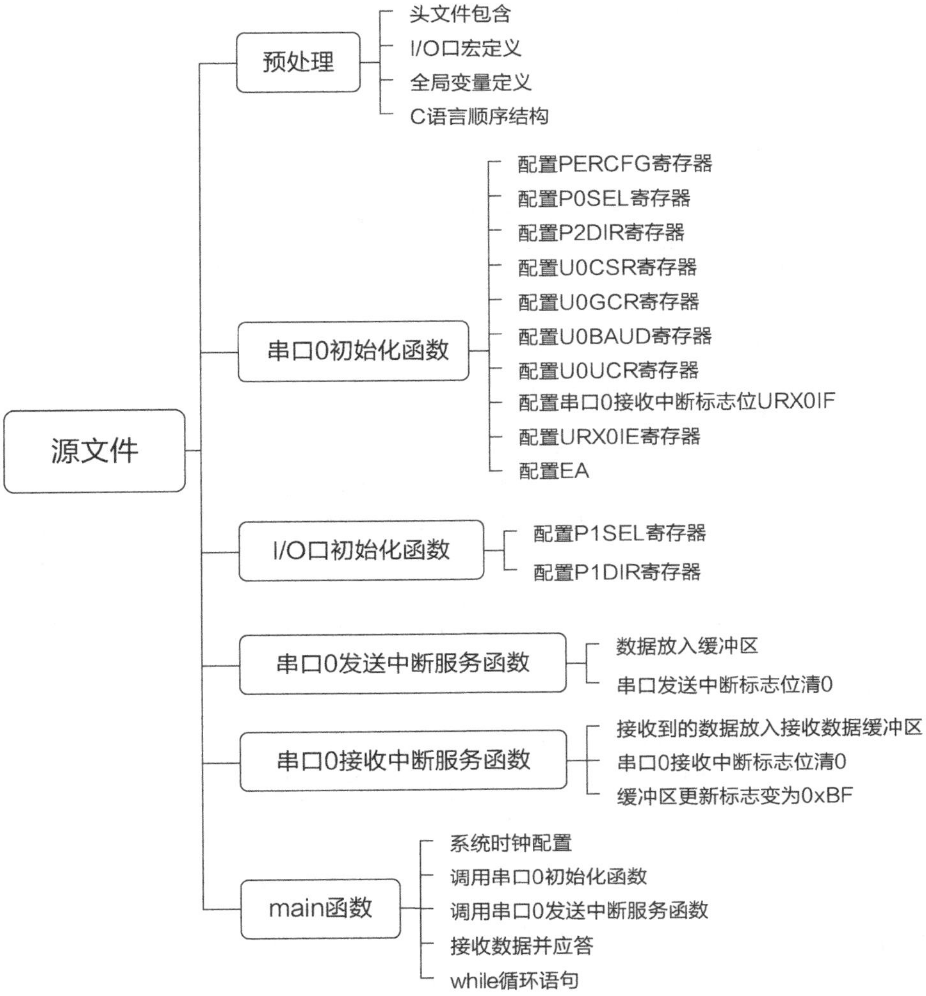

图 4-3-1　任务 3 代码中应用到的知识点

3. 编译工程

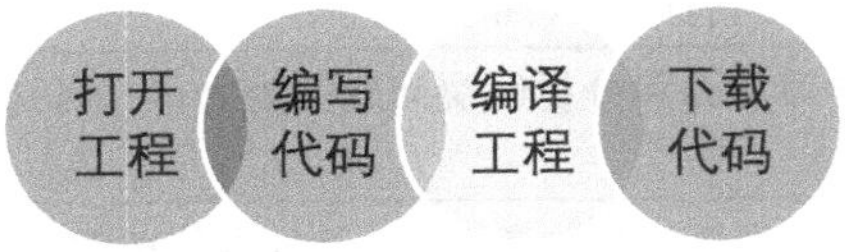

对工程进行编译，观察是否提示编译成功。如果出现错误或警告，需要认真检查修改，重新编译链接，直到没有错误和警告为止。

4. 下载代码

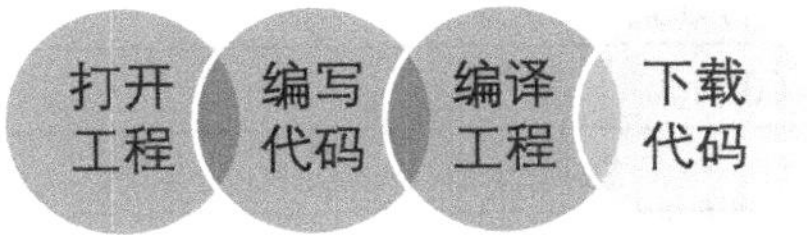

① 用 CC Debugger 仿真器的下载线连接黑板。

② 完成代码下载。

③ 黑板上电，计算机利用串口调试助手发送 0xBF 数据，观察计算机是否接收到应答数据 0x AF 及黑板上 D6 红色 LED 状态是否翻转。

任务工单

本任务的任务工单如表 4-3-2 所示。

表 4-3-2　任务 3 的任务工单

第 4 单元　串口命令控制交通信号灯	任务 3　使用串口命令控制交通信号灯

（一）本任务关键知识引导

1．当串口 0 接收到一个完整的字节数据后，串口 0 接收中断标志位（　　　　）被硬件（　　　）置（　　），在串口 0（　　　　）和（　　　　）都使能的情况下，单片机执行（　　　　　　　　　　）且硬件（　　　）将串口 0 接收中断标志位 URX0IF 置（　　）。

2．在串口 0 接收中断服务函数之前，通过宏指令“（　　　　　　　）”或“（　　　　　　　　）”将该中断服务函数指向（　　　　　　），当串口 0 接收中断时，将会执行该中断服务函数。

3．当串口 0 发送完成一个字节数据后，串口 0 发送中断标志位 UTX0IF 会被硬件置（　　），这时候可以通过软件（　　）检测串口 0 发送中断标志位（　　　　　）的状态，从而判断串口 0 是否完成一个字节的数据发送。

4．采用（　　　　　）判断串口 0 发送数据是否完成时，硬件不会（　　　）将串口 0 发送中断标志位 UTX0IF 置（　　）。因此，当检测到串口 0 发送中断标志位为（　　）时，需要通过软件操作将该中断标志位置（　　），才能保证下一字节数据的正常发送。

（二）任务检查与评价

评价方式		可采用自评、互评、教师评价等方式		
说明		主要评价学生在学习过程中的操作技能、理论知识、学习态度、课堂表现、学习能力等		
序号	评价内容	评价标准	分值	得分
1	知识运用（20%）	掌握相关理论知识，正确完成本任务关键知识的作答（20 分）	20 分	
2	专业技能（40%）	工程编译通过，单片机接收控制命令、应答及执行正常（40 分）	40 分	
		工程编译通过，单片机接收控制命令、应答及执行异常（30 分）		
		完成代码的输入，但工程编译没有通过（15 分）		
		打开工程错误或者输入部分代码（5 分）		
3	核心素养（20%）	具有良好的自主学习、分析解决问题、帮助他人的能力，任务过程中有指导他人并解决他人问题的行为（20 分）	20 分	
		具有较好的学习能力和分析解决问题的能力，任务过程中无指导他人的行为（15 分）		
		具有主动学习并收集信息的能力，遇到问题能请教他人并得以解决（10 分）		
		不主动学习（0 分）		
4	职业素养（20%）	实验完成后，设备无损坏且摆放整齐，工位区域内保持整洁，无干扰课堂秩序的行为（20 分）	20 分	
		实验完成后，设备无损坏，无干扰课堂秩序的行为（15 分）		
		无干扰课堂秩序的行为（10 分）		
		干扰课堂秩序（0 分）		
		总得分		

任务小结

使用串口命令控制交通信号灯的思维导图如图 4-3-2 所示。

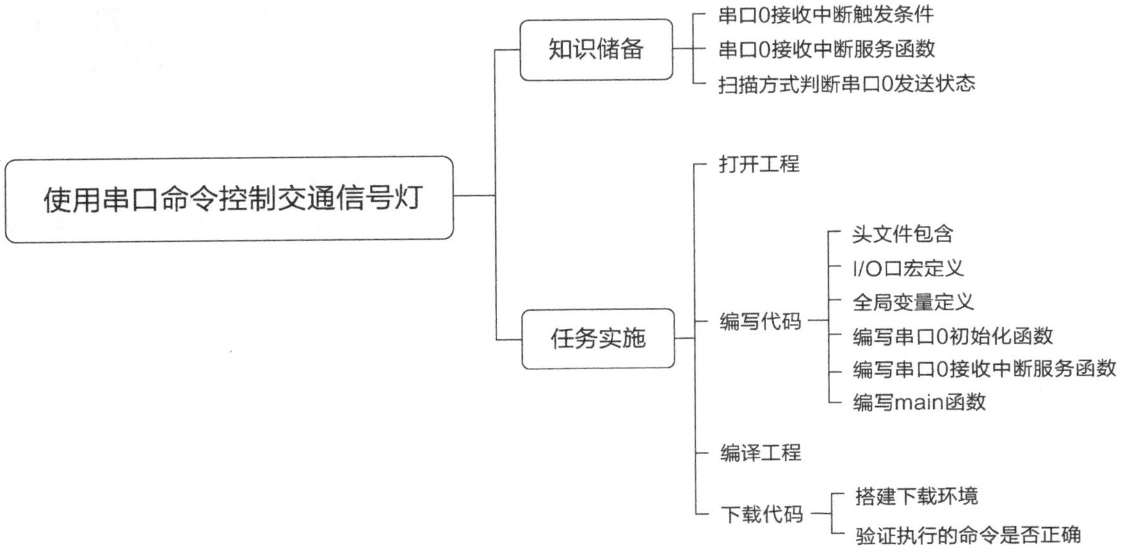

图 4-3-2　使用串口命令控制交通信号灯的思维导图

知识与技能提升

动动脑

（1）思考串口通过中断方式接收数据与串口通过扫描方式接收数据的优缺点。

（2）思考串口通过中断方式发送数据与串口通过扫描方式发送数据的优缺点。

动动手

请在本任务代码的基础上进行修改，将应答数据改为“0xAA”。

拓展练习

请在本任务代码的基础上进行修改，实现如下功能。

（1）当 CC2530 接收到的数据为 0x01 时，点亮 D6 红色 LED；当接收到的数据为 0x02 时，熄灭 D6 红色 LED。

（2）当 CC2530 接收到的数据为 0x03 时，点亮 D5 绿色 LED；当接收到的数据为 0x04 时，熄灭 D5 绿色 LED。

（3）当 CC2530 接收到的数据为 0x05 时，点亮 D3 绿色 LED 和 D4 红色 LED；当接收到的数据为 0x06 时，熄灭 D3 绿色 LED 和 D4 红色 LED。

第5单元

智能交通信号灯

学习目标

1. 职业知识目标

掌握智能交通信号灯在各种工作模式下的运行过程。

掌握根据任务需求查阅C语言相关知识点的方法。

掌握根据任务要求查阅《CC2530中文数据手册》中相关知识点的方法。

掌握对任务进行分解并设计软件流程的方法。

掌握C语言预处理、数据类型、常用运算符、控制语句、程序结构的相关知识点。

掌握I/O口输入检测、I/O口输出控制、定时器1计数、串口0通信的相关知识点。

2. 职业能力目标

能根据任务需求对任务进行分解并设计软件流程图。

能根据任务需求查阅《CC2530中文数据手册》中的相关知识点。

能利用C语言的知识点，并结合软件流程图编写代码。

能对I/O口输入检测、I/O口输出控制、定时器1计数、串口0通信进行整合，设计智能交通信号灯控制程序。

3. 职业素养目标

通过严谨的开发流程和正确的编程思路培养勤于思考和认真做事的良好习惯。

通过互相帮助、共同学习并达成目标培养团队协作能力。

通过讲述、说明、回答问题和相互交流提升自我展示能力。

通过利用书籍或网络上的资料解决实际问题培养自我学习能力。

通过完成学习任务养成爱岗敬业、遵守职业道德规范、诚实守信的良好品质。

任务 1　SW2 按键进行模式选择

任务描述与任务分析

任务描述：

按键操作选择工作模式，模式指示灯灭为手动模式，亮为自动模式，闪烁为远程模式。

模拟效果：

①黑板通电后，D4 红色 LED 熄灭（模式指示灯灭）为手动模式。

②第一次按下 SW2 按键，D4 红色 LED 点亮（模式指示灯亮）为自动模式。

③第二次按下 SW2 按键，D4 红色 LED 闪烁（模式指示灯闪烁）为远程模式。

④第三次按下 SW2 按键，D4 红色 LED 熄灭（模式指示灯灭）为手动模式。

⑤按键操作效果可循环。

任务分析：

定义一个字节型全局变量，用于描述当前的工作模式；SW2 按键以扫描方式进行模式选择；定时器 1 在模模式下实现定时输出控制。

建议学生带着以下问题进行本任务的学习和实践。

- 手动模式、自动模式、远程模式三者之间有什么区别？
- 如何使用全局变量描述当前的工作模式？
- 如何使用 C 语言的 switch 语句进行逻辑判断？
- 本任务需要用到 C 语言的哪些知识点？
- 本任务需要用到《CC2530 中文数据手册》中的哪些相关知识点？
- 如何设计本任务的工作流程？

1. 智能交通信号灯的工作模式

目前，智能交通信号灯控制系统中主要有三种工作模式，分别为手动模式、自动模式、远程模式。

在自动模式下，绿灯、黄灯、红灯按照固定的顺序和时长自动定时交替点亮。智能交通信号灯大部分时间工作在自动模式下。

在手动模式下，当按键被按下时，智能交通信号灯的状态发生切换，并一直保持，直至按键再次被按下。智能交通信号灯的状态按“红灯亮→绿灯亮→黄灯亮→红灯亮→……”的顺序进行切换。在上班早高峰和下班晚高峰两个时间段，交通警察会根据各个方向的车流情况手动控制智能交通信号灯的状态。

在远程模式下，智能交通信号灯控制系统通过有线或无线方式接收远端控制指令，根据控制协议管理智能交通信号灯的状态。目前，大部分十字路口都安装有高清摄像头用于远程监控，在交通调度中心，交通警察通过视频流信息判断各个方向的车流情况，发送控制指令，从而远程控制智能交通信号灯的状态。

2. 工作模式切换及模式指示灯计数器定义

每一次按键动作，智能交通信号灯的工作模式将按照“手动模式→自动模式→远程模式→手动模式→……”的顺序进行循环切换。当前为手动模式时，按键动作将切换到自动模式；当前为自动模式时，按键动作将切换到远程模式；当前为远程模式时，按键动作将切换到手动模式。因此，需要定义一个字节型全局变量，该变量的值表示当前的工作模式。同时利用模式指示灯的不同状态表示不同的工作模式，熄灭表示手动模式，点亮表示自动模式，闪烁表示远程模式。

模式指示灯闪烁需要一定的周期，因此需要定义一个字型全局变量作为模式指示灯计数器，定时器每中断一次，变量的值加 1，根据变量的值控制模式指示灯的亮灭状态。

本任务定义一个字节型全局变量 Work_Mode，当 Work_Mode 为 0x00 时，表示当前处于手动模式；当 Work_Mode 为 0x01 时，表示当前处于自动模式；当 Work_Mode 为 0x02 时，表示当前处于远程模式；当 Work_Mode 为其他值时，则无任何意义。同时定义一个字型全局变量 Mode_Led_Timer，并将其初始化为 0，定时器每 1ms 中断一次，Mode_Led_Timer 加 1。当 Mode_Led_Timer 等于 500 时，刚好间隔 500ms，模式指示灯的状态翻转，Mode_Led_Timer 被赋值为 0，进行下一轮循环计数。

本任务中工作模式定义及模式指示灯计数器的配置代码如下：

```
#define    Manual_Mode    0x00                  //手动模式
#define    Auto_Mode      0x01                  //自动模式
#define    Remote_Mode    0x02                  //远程模式
unsigned char Work_Mode = Manual_Mode;          //工作模式，初始化默认为手动模式
unsigned int  Mode_Led_Timer=0;                 //模式指示灯计数器，单位为ms
```

温馨提示

字节型变量的赋值范围为 0～255，字型变量的赋值范围为 0～65535，对变量的赋值不能超过其赋值范围。

3. switch 语句

switch 语句的格式如下：

```
switch (表达式)
{
        case 常量表达式 1:
        语句组 1;
        break;
        case 常量表达式 2:
```

```
        语句组 2;
        break;
        ……
        case 常量表达式 n:
        语句组 n;
        break;
        default:
        语句组 m;
        break;
}
```

执行 switch 语句时，首先计算表达式的值，然后按照顺序逐个与各 case 后面的常量表达式的值进行比较，当与某个常量表达式的值相等时，则执行常量表达式后面的语句组，再执行 break 跳出 switch 语句；当与某个常量表达式的值不相等时，则继续与下一个 case 后面的常量表达式的值进行比较；若与所有 case 后面的常量表达式的值都不相等，则执行 default 后面的语句组 m，语句组 m 可以为空，不做任何操作，最后跳出 switch 语句。

4. 本任务用到的 C 语言知识点

① 预处理：头文件包含、宏定义。

② 数据类型与变量说明：全局变量、局部变量、数据类型 unsigned char、数据类型 unsigned int。

③ 算术运算符：自增（++）。

④ 关系运算符：等于（==）。

⑤ 位操作运算符：位非（～）。

⑥ 赋值运算符：简单赋值（=）。

⑦ while 循环语句。

⑧ for 循环语句。

⑨ switch 语句。

⑩ if 判断语句。

⑪ 程序结构：顺序结构、选择结构、循环结构。

⑫ 函数和主函数：子函数的调用。

5. 本任务用到《CC2530 中文数据手册》中的相关知识点

本任务主要涉及 I/O 口输入检测、I/O 口输出控制和定时器 1 计数，其中，I/O 口输入检测采用扫描方式，定时器 1 选择工作在模模式下。

为完成本任务，可查阅《CC2530 中文数据手册》中的相关知识点，具体如下。

① 查阅《CC2530 中文数据手册》中的“7.3 通用 I/O”。

② 查阅《CC2530 中文数据手册》中的“7.6 外设 I/O 口”。

③ 查阅《CC2530 中文数据手册》中的“7.11 I/O 引脚”。

④ 查阅《CC2530 中文数据手册》中的“9.1 16 位计数器”。

⑤ 查阅《CC2530 中文数据手册》中的“9.4 模模式”。

⑥ 查阅《CC2530 中文数据手册》中的“9.8 输出比较模式”。

⑦ 查阅《CC2530 中文数据手册》中的“9.10 定时器 1 中断”。

⑧ 查阅《CC2530 中文数据手册》中的“9.12 定时器 1 寄存器”。

任务实施

任务实施前必须先准备好设备和资源，如表 5-1-1 所示。

表 5-1-1　任务 1 需准备的设备和资源

序号	设备/资源名称	数量	是否准备到位
1	计算机（已安装好 IAR 软件）	1 台	
2	NEWLab 实训平台	1 套	
3	CC Debugger 仿真器	1 套	
4	黑板	1 块	

任务实施导航

具体实施流程如下。

1. 打开工程

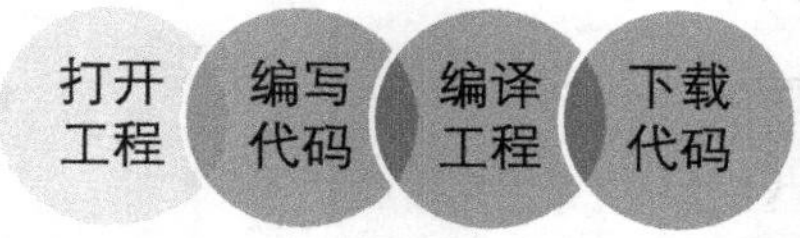

打开本书配套源代码文件夹中的“SW2 按键进行模式选择.ewp”工程。

2. 编写代码

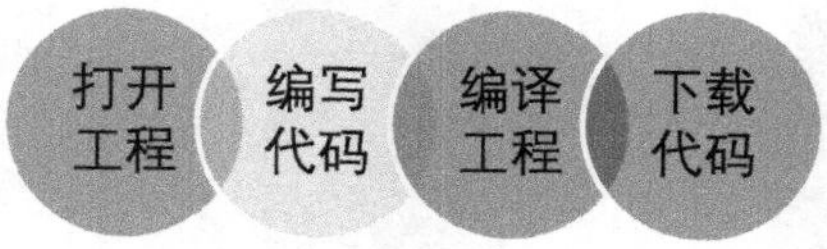

步骤 1：头文件包含。

```
#include <ioCC2530.h>
```

步骤 2：I/O 口宏定义。

```
#define Led_Mode        P1_1    //P1_1 引脚宏定义，模式指示灯控制引脚
#define SW2             P0_1    //P0_1 引脚宏定义
#define Manual_Mode     0x00    //手动模式
#define Auto_Mode       0x01    //自动模式
#define Remote_Mode     0x02    //远程模式
```

步骤 3：全局变量定义及初始化。

```
unsigned char Work_Mode=Manual_Mode;    //工作模式，初始化默认为手动模式
unsigned int  Mode_Led_Timer=0;         //模式指示灯计数器，单位为 ms
```

在执行 main 函数之前，全局变量将被定义并初始化，因此黑板上电后，工作模式默认为

手动模式。

步骤 4：编写 I/O 口初始化函数。

```
void InitIO(void)
{
  P1SEL &=0xFD;                  //设置 P1_1 引脚为通用 I/O 口
  P1DIR |=0x02;                  //设置 P1_1 引脚为输出
  P0SEL&=0xFD;                   //设置 P0_1 引脚为通用 I/O 口
  P0DIR&=0xFD;                   //设置 P0_1 引脚为输入
  P2INP=0x00;                    //输入默认为上拉模式
  Led_Mode=0;                    //模式指示灯关闭，表示上电初始状态为手动模式
}
```

完成 I/O 口的输入/输出与上拉/下拉模式配置，将模式指示灯关闭，表示上电初始状态为手动模式。

步骤 5：编写定时器 1 初始化函数。

```
void Init_Timer1(void)
{
  T1CTL=0x02;                    //配置定时器分频系数为 1，默认为 16MHz，选择模模式
  T1CC0L=0x80;                   //设置最大计数值低 8 位
  T1CC0H=0x3E;                   //设置最大计数值高 8 位，最大计数值为 16000，定时 1ms
  T1CCTL0|=0x04;                 //配置通道 0 为比较模式
  T1IE=1;                        //使能定时器 1 中断
}
```

配置定时器 1 的分频系数为 1，得到定时器 1 的时钟频率为 16MHz；选择定时器 1 工作在模模式下并根据定时中断周期设置最大计数值；配置定时器 1 通道 0 为比较模式并使能定时器 1 中断。

步骤 6：编写延时函数。

```
void Delay(unsigned int n)
{
  unsigned int i,j;
  for(i=0;i<n;i++)
  {
    for(j=0;j<600;j++);
  }
}
```

本任务选择内部 16MHz 的 RC 振荡器作为系统时钟源，该延时函数的输入参数为 n，对应的延迟时长为 n ms。

步骤 7：编写 SW2 按键检测函数。

```
void SW2_Key_Scan(void)
{
  if(SW2==0)                                //判断 SW2 按键是否被按下
  {
    Delay(10);                              //延时 10ms 消抖
    if(SW2==0)                              //判断 SW2 按键是否仍被按下
    {
      switch(Work_Mode)                     //判断智能交通信号灯的工作模式
```

```
        {
          case    Manual_Mode:
            Led_Mode=1;                    //模式指示灯点亮
            Work_Mode=Auto_Mode;           //切换到自动模式
          break;
          case    Auto_Mode:
            Led_Mode=~Led_Mode;            //模式指示灯状态翻转
            Work_Mode=Remote_Mode;         //切换到远程模式
            Mode_Led_Timer=0;              //模式指示灯计数器清 0
          break;
          case    Remote_Mode:
            Led_Mode=0;                    //模式指示灯熄灭
            Work_Mode=Manual_Mode;         //切换到手动模式
          break;
          default:
          break;
        }
        while(SW2==0);                     //等待 SW2 按键被松开
      }
    }
}
```

检测 SW2 按键状态，通过软件延时消抖；当检测到 SW2 按键被按下时，切换工作模式，然后等待 SW2 按键被松开继续往下执行，SW2 按键检测流程如图 5-1-1 所示。

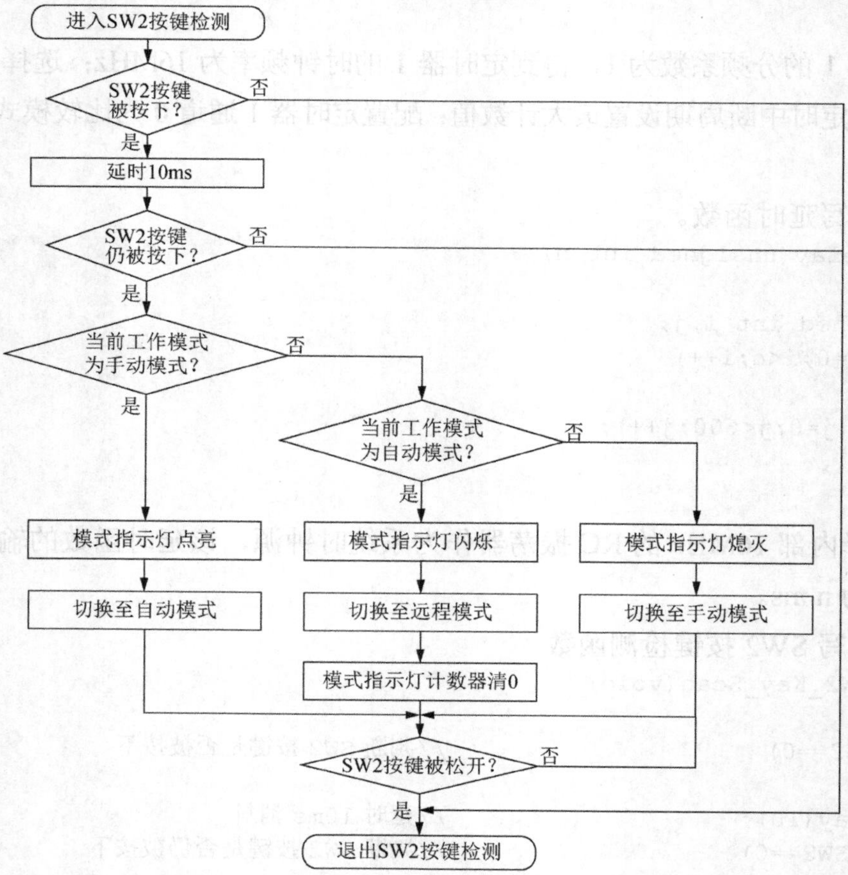

图 5-1-1　SW2 按键检测流程

步骤 8：编写定时器 1 中断服务函数。

```
#pragma vector=T1_VECTOR              //定时器 1 中断向量指定
__interrupt void Timer1_ISR(void)
{
  Mode_Led_Timer++;                   //模式指示灯计数器的值加 1
  if(Work_Mode == Remote_Mode)        //判断工作模式是否为远程模式
  {
      if(Mode_Led_Timer==500)
      {
        Mode_Led_Timer=0;             //模式指示灯计数器清 0
        Led_Mode=~Led_Mode;           //模式指示灯状态翻转，亮 0.5s 灭 0.5s
      }
  }
}
```

定时器 1 的中断周期为 1ms，每经过 1ms，Mode_Led_Timer 加 1。当 Mode_Led_Timer 的值为 500 时，模式指示灯状态翻转，Mode_Led_Timer 的值清 0，进行下一轮循环计数。定时器 1 中断处理任务流程如图 5-1-2 所示。

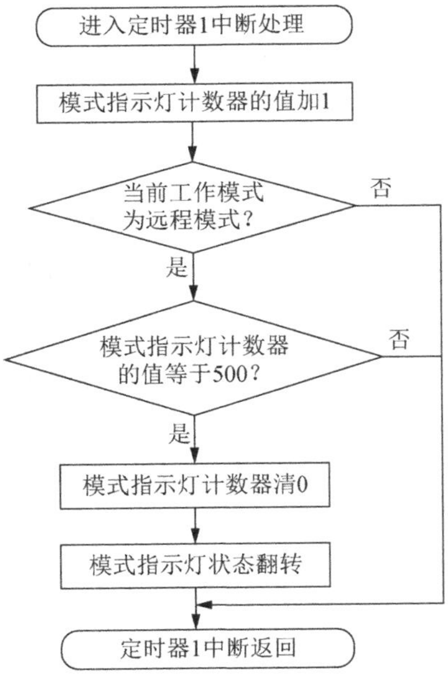

图 5-1-2　定时器 1 中断处理任务流程

步骤 9：编写 main 函数。

```
void main(void)
{
  InitIO();                    //I/O 口初始化
  Init_Timer1();               //定时器 1 初始化
  EA=1;                        //使能系统中断总开关
  while(1)
  {
    SW2_Key_Scan();            //SW2 按键检测
  }
```

```
10. }
```

main 函数完成 I/O 口初始化、定时器 1 初始化及使能系统中断总开关后，不断循环执行 SW2 按键检测函数，main 函数的流程如图 5-1-3 所示。

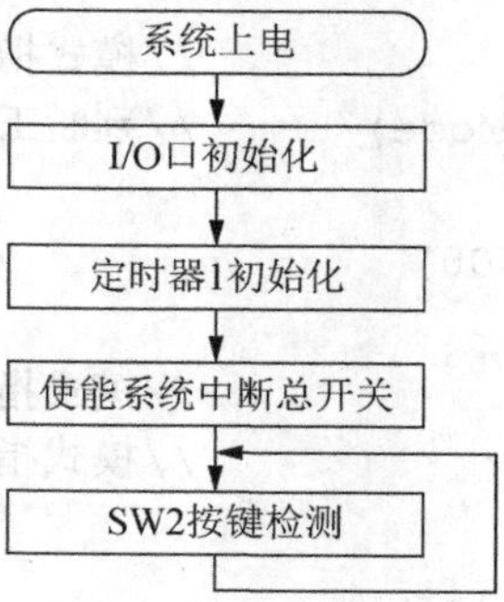

图 5-1-3　main 函数的流程

在本任务代码中，应用了图 5-1-4 所示的知识点。

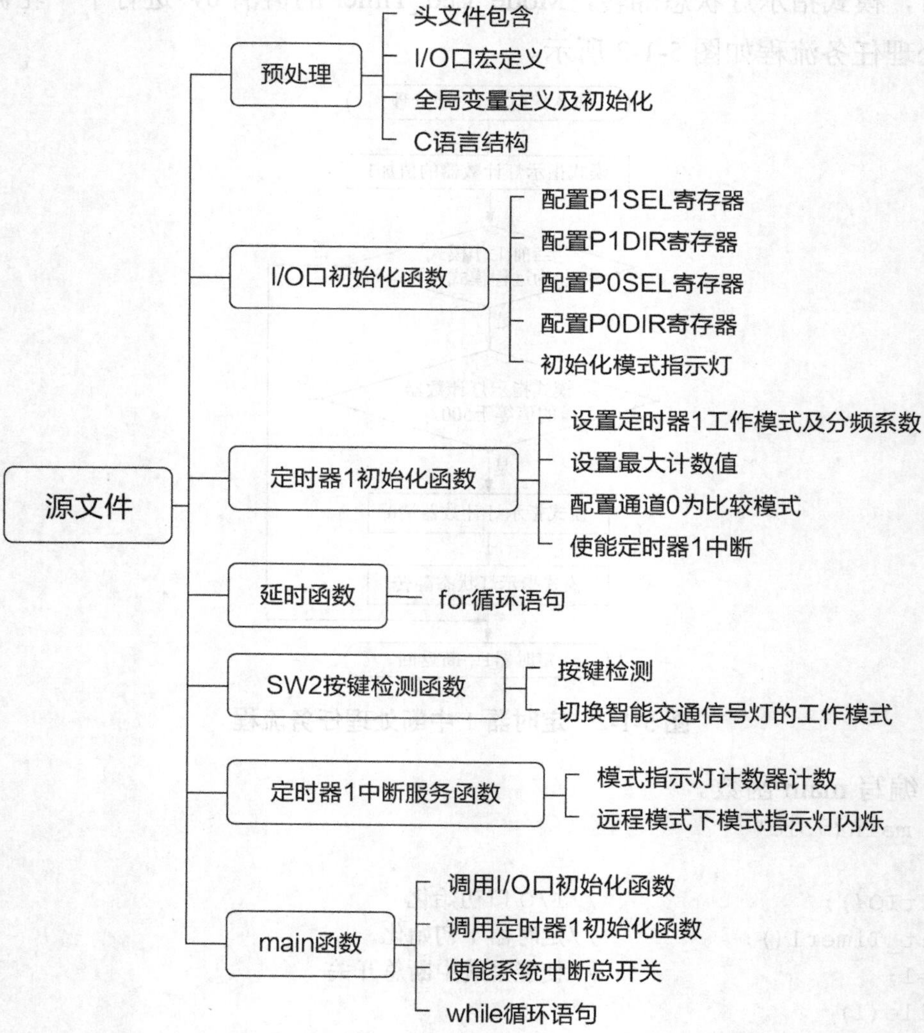

图 5-1-4　任务 1 代码中应用到的知识点

3. **编译工程**

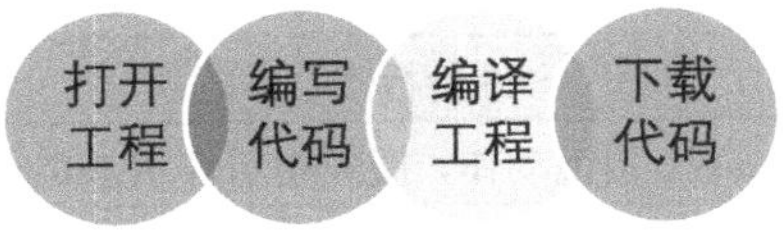

对工程进行编译，观察是否提示编译成功。如果出现错误或警告，需要认真检查修改，重新编译链接，直到没有错误和警告为止。

4. **下载代码**

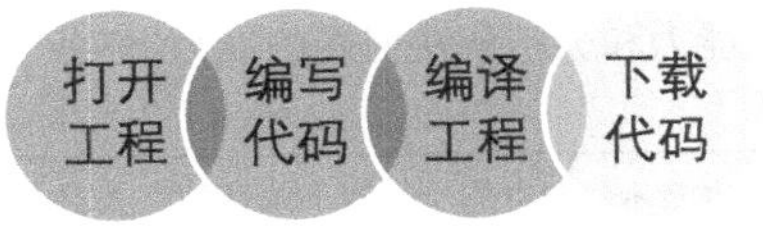

① 用 CC Debugger 仿真器的下载线连接黑板。

② 完成代码下载。

③ 黑板上电，D4 红色 LED 熄灭，为手动模式；手动操作 SW2 按键，D4 红色 LED 状态切换，D4 红色 LED 点亮，为自动模式；D4 红色 LED 闪烁，为远程模式。

任务工单

本任务的任务工单如表 5-1-2 所示。

表 5-1-2　任务 1 的任务工单

第 5 单元　智能交通信号灯	任务 1　SW2 按键进行模式选择

（一）本任务关键知识引导

1. 自增运算符记为“++”，其功能是使变量值（　　　　）；自减运算符记为“--”，其功能是使变量值（　　　　）。

2. 字节型变量的赋值范围为（　　）到（　　），字型变量的赋值范围为（　　）到（　　）。

3. ++i：i 自增（　　）后再参与（　　）；i++：参与（　　）后 i 的值再自增（　　）。

4. 在 C 语言中，将某些位清 0 而不影响其他位，可以使用位与（　　）操作符实现，将某些位置 1 而不影响其他位，可以使用位或（　　）操作符实现。

5. 关系运算符“==”的功能是判断“==”左右两边的表达式是否相等，当左右两边的表达式相等时，其运算结果为（　　）；当左右两边的表达式不相等时，其运算结果为（　　）。

6. C 语言的 if（　　　）语句，其中“表达式”的结果只能为（　　）或（　　）。

7. 执行 switch 语句时，首先计算（　　）的值，然后按照顺序（　　）与各 case 后面的（　　　）的值进行比较，当与某个常量表达式的值（　　）时，则执行常量表达式后面的语句组，再执行（　　）跳出（　　）语句；当与某个常量表达式的值（　　）时，则继续与下一个 case 后面的（　　　）的值进行比较；若与所有 case 后面的常量表达式的值都（　　），则执行（　　）后面的语句组 m，语句组 m 可以为空，不做任何操作，最后跳出（　　）语句。

（二）任务检查与评价

评价方式	可采用自评、互评、教师评价等方式			
说明	主要评价学生在学习过程中的操作技能、理论知识、学习态度、课堂表现、学习能力等			
序号	评价内容	评价标准	分值	得分
1	知识运用（20%）	掌握相关理论知识，正确完成本任务关键知识的作答（20 分）	20 分	

续表

续表

序号	评价内容	评价标准	分值	得分
2	专业技能（40%）	工程编译通过，SW2 按键动作，模式指示灯状态切换正常（40 分）	40 分	
		工程编译通过，SW2 按键动作，模式指示灯状态切换异常（30 分）		
		完成代码的输入，但工程编译没有通过（15 分）		
		打开工程错误或者输入部分代码（5 分）		
3	核心素养（20%）	具有良好的自主学习、分析解决问题、帮助他人的能力，任务过程中有指导他人并解决他人问题的行为（20 分）	20 分	
		具有较好的学习能力和分析解决问题的能力，任务过程中无指导他人的行为（15 分）		
		具有主动学习并收集信息的能力，遇到问题能请教他人并得以解决（10 分）		
		不主动学习（0 分）		
4	职业素养（20%）	实验完成后，设备无损坏且摆放整齐，工位区域内保持整洁，无干扰课堂秩序的行为（20 分）	20 分	
		实验完成后，设备无损坏，无干扰课堂秩序的行为（15 分）		
		无干扰课堂秩序的行为（10 分）		
		干扰课堂秩序（0 分）		
总得分				

任务小结

SW2 按键进行模式选择的思维导图如图 5-1-5 所示。

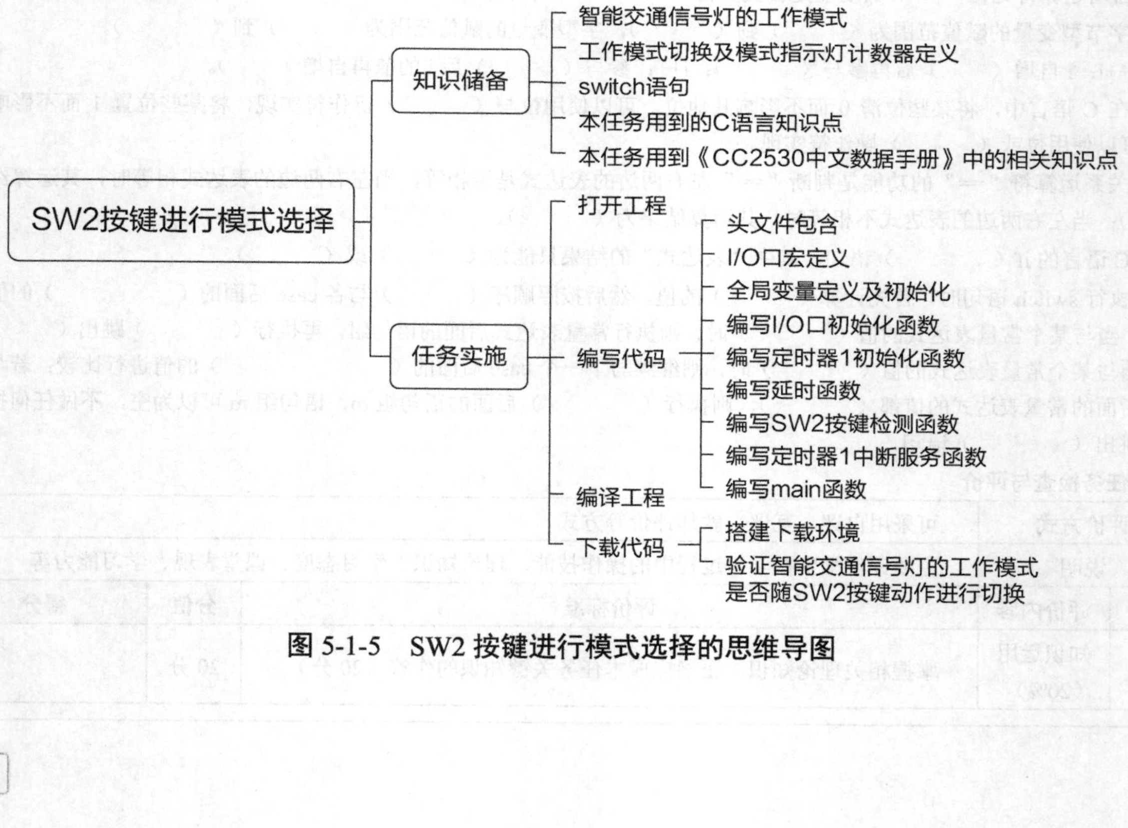

图 5-1-5　SW2 按键进行模式选择的思维导图

知识与技能提升

动动脑

在 SW2 按键检测函数中，若将代码“Led_Mode=~Led_Mode;”改为“Led_Mode=0;”，其他代码保持不变，所实现的功能会一样吗？

动动手

请在本任务代码的基础上进行修改，将远程模式下模式指示灯的开关周期由 1s 改为 2s，其中开、关时长各 1s。

拓展练习

SW2 按键检测函数可以采用扫描方式或中断方式，本任务采用扫描方式完成 SW2 按键的检测，如果要将 SW2 按键检测改成中断方式，所实现的功能保持不变，则应在原有代码基础上如何修改？

针对以上问题，可以将 SW2 按键对应的 I/O 口设置为输入下降沿中断触发，在 SW2 按键被按下时，单片机执行通用 I/O 口中断服务函数，在中断服务函数里执行 SW2 按键检测函数，所实现的功能将保持不变。

任务 2　手动模式使用 SW1 按键控制智能交通信号灯

任务描述与任务分析

任务描述：

接续任务 1，SW1 按键操作手动控制智能交通信号灯。

模拟效果：

①黑板通电后，D4 红色 LED 熄灭（模式指示灯灭），表示当前为手动模式，D5 绿色 LED 点亮（绿灯亮），D3 绿色 LED 和 D6 红色 LED 熄灭。

②SW1 按键被按下时，智能交通信号灯的状态发生变化。

③若 SW1 按键被按下前，D5 绿色 LED 点亮（绿灯亮）；则 SW1 按键被按下后，D3 绿色 LED 点亮（黄灯亮），D5 绿色 LED 和 D6 红色 LED 熄灭；若 SW1 按键被按下前，D3 绿色 LED 点亮（黄灯亮），则 SW1 按键被按下后，D6 红色 LED 点亮（红灯亮），D3 绿色 LED 和 D5 红色 LED 熄灭；若 SW1 按键被按下前，D6 红色 LED 点亮（红灯亮），则 SW1 按键被按下后，D5 绿色 LED 点亮（绿灯亮），D3 绿色 LED 和 D6 红色 LED 熄灭。

④按键操作效果可循环。

任务分析：

采用扫描方式完成 SW1 按键检测；定义一个字节型全局变量，用于描述当前的智能交通信号灯状态。

建议学生带着以下问题进行本任务的学习和实践。

- 如何使用字节型全局变量描述当前的智能交通信号灯状态？
- 本任务需要用到 C 语言的哪些知识点？
- 本任务需要用到《CC2530 中文数据手册》中的哪些相关知识点？
- 如何设计本任务的工作流程？

1. 智能交通信号灯手动模式下的运行过程

在手动模式下，当按键动作时，智能交通信号灯的状态发生变化，并且按照"绿灯亮→黄灯亮→红灯亮→绿灯亮→……"的顺序进行切换。智能交通信号灯状态的维持时间取决于按键动作；当按键空闲时，智能交通信号灯的状态将一直保持。当按键被按下时，如果原来的智能交通信号灯状态为绿灯亮，那么智能交通信号灯的新状态为黄灯亮；如果原来的智能交通信号灯状态为黄灯亮，那么智能交通信号灯的新状态为红灯亮；如果原来的智能交通信号灯状态为红灯亮，那么智能交通信号灯的新状态为绿灯亮。

本任务定义一个字节型全局变量 Led_State 表示智能交通信号灯的状态，当 Led_State 为 0x00 时，表示目前智能交通信号灯的状态为绿灯亮；当 Led_State 为 0x01 时，表示目前智能交通信号灯的状态为黄灯亮；当 Led_State 为 0x02 时，表示目前智能交通信号灯的状态为红灯亮；当 Led_State 为其他值时，则无任何意义。

本任务中关于智能交通信号灯状态的配置代码如下：

```
#define Green_State     0x00              //绿灯亮状态
#define Yellow_State    0x01              //黄灯亮状态
#define Red_State       0x02              //红灯亮状态
unsigned char Led_State =Green_State;  //初始化默认为绿灯亮
```

2. 本任务用到的 C 语言知识点

已在本单元任务 1 中介绍。

3. 本任务用到《CC2530 中文数据手册》中的相关知识点

已在本单元任务 1 中介绍。

任务实施

任务实施前必须先准备好设备和资源，如表 5-2-1 所示。

表 5-2-1　任务 2 需准备的设备和资源

序号	设备/资源名称	数量	是否准备到位
1	计算机（已安装好 IAR 软件）	1 台	

续表

序号	设备/资源名称	数量	是否准备到位
2	NEWLab 实训平台	1 套	
3	CC Debugger 仿真器	1 套	
4	黑板	1 块	

任务实施导航

具体实施流程如下。

1. 打开工程

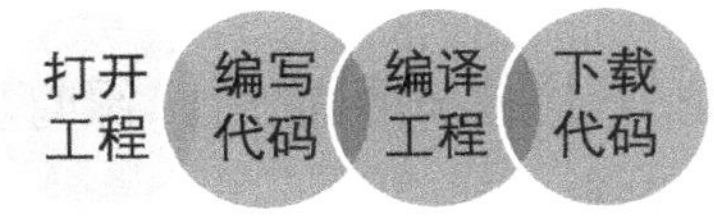

打开本书配套源代码文件夹中的“手动模式使用 SW1 按键控制智能交通信号灯.ewp”工程。

2. 编写代码

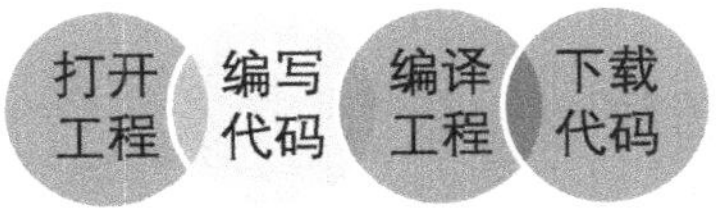

步骤 1：头文件包含。

```
#include <ioCC2530.h>
```

步骤 2：I/O 口宏定义。

```
#define Led_red      P1_4         //P1_4 引脚宏定义
#define Led_green     P1_3        //P1_3 引脚宏定义
#define Led_yellow    P1_0        //P1_0 引脚宏定义
#define Led_Mode      P1_1        //P1_1 引脚宏定义
#define SW1          P1_2         //P1_2 引脚宏定义
#define SW2          P0_1         //P0_1 引脚宏定义
#define Manual_Mode       0x00    //手动模式
#define Auto_Mode        0x01     //自动模式
#define Remote_Mode       0x02    //远程模式
#define Green_State       0x00    //绿灯亮
#define Yellow_State      0x01    //黄灯亮
#define Red_State        0x02     //红灯亮
```

步骤 3：全局变量定义及初始化。

```
unsigned char Work_Mode=Manual_Mode;        //工作模式，初始化默认为手动模式
unsigned char Led_State =Green_State;       //初始化默认为绿灯亮
unsigned int  Mode_Led_Timer=0;             //模式指示灯计数器，单位为 ms
```

执行 main 函数之前，全局变量将被定义并初始化。黑板上电后，工作模式默认为手动模式，智能交通信号灯的状态为绿灯亮。

步骤 4：编写 I/O 口初始化函数。

```
void InitIO(void)
```

```
{
  P1SEL &=0xE4;          //设置 P1_0、P1_1、P1_3、P1_4 引脚为通用 I/O 口
  P1DIR |=0x1B;          //设置 P1_0、P1_1、P1_3、P1_4 引脚为输出
  P1SEL &=0xFB;          //设置 P1_2 引脚为通用 I/O 口
  P1DIR &=0xFB;          //设置 P1_2 引脚为输入
  P0SEL&=0xFD;           //设置 P0_1 引脚为通用 I/O 口
  P0DIR&=0xFD;           //设置 P0_1 引脚为输入
  P2INP=0x00;            //输入默认为上拉模式
  Led_red=0;             //关闭红灯
  Led_green=1;           //开启绿灯
  Led_yellow=0;          //关闭黄灯
  Led_Mode=0;            //模式指示灯关闭，表示上电初始状态处于手动模式
}
```

完成I/O口的输入/输出与上拉/下拉模式配置后，绿灯点亮，模式指示灯关闭。

步骤5：编写定时器1初始化函数。

已在本单元任务1中完成。

步骤6：编写延时函数。

已在本单元任务1中完成。

步骤7：编写SW1按键检测函数。

```
void SW1_Key_Scan(void)
{
  if(SW1==0)                          //判断 SW1 按键是否被按下
  {
    Delay(10);                        //延时 10ms 消抖
    if(SW1==0)                        //判断 SW1 按键是否仍被按下
    {
      if(Work_Mode==Manual_Mode)      //判断当前模式为手动模式
      {
        switch(Led_State)             //手动模式下判断智能交通信号灯的状态
        {
          case Green_State:
            Led_green=0;              //绿灯灭
            Led_yellow=1;             //黄灯亮
            Led_red=0;                //红灯灭
            Led_State=Yellow_State;   //黄灯状态
          break;
          case Yellow_State:
            Led_green=0;              //绿灯灭
            Led_yellow=0;             //黄灯灭
            Led_red=1;                //红灯亮
            Led_State=Red_State;      //红灯状态
          break;
          case Red_State:
            Led_green=1;              //绿灯亮
            Led_yellow=0;             //黄灯灭
            Led_red=0;                //红灯灭
```

```
                Led_State=Green_State;    //绿灯状态
              break;
              default:
              break;
            }
          }
        while(SW1==0);                    //等待 SW1 按键被松开
      }
    }
}
```

检测 SW1 按键状态，软件延时消抖；当检测到 SW1 按键被按下时，切换智能交通信号灯的状态，然后等待 SW1 按键被松开继续往下执行，具体流程如图 5-2-1 所示。

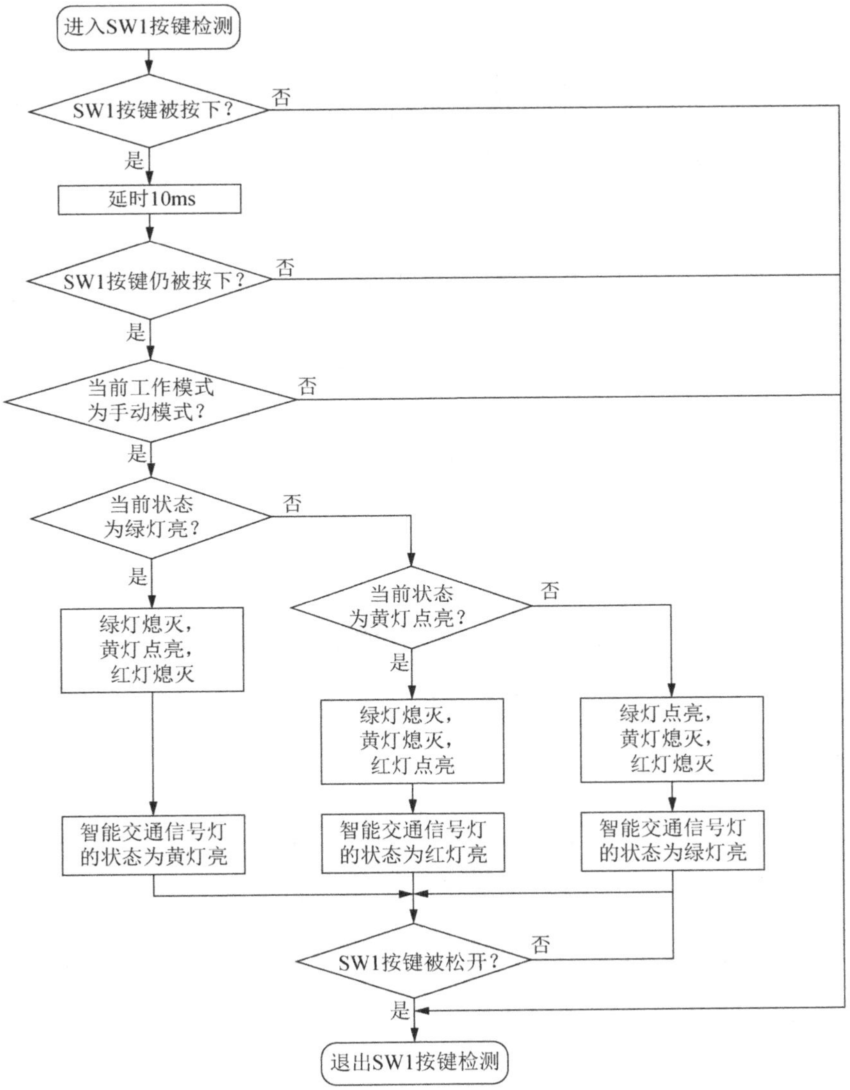

图 5-2-1　SW1 按键检测的具体流程

步骤 8：编写 SW2 按键检测函数。

已在本单元任务 1 中完成。

步骤 9：编写定时器 1 中断服务函数。

已在本单元任务 1 中完成。

步骤 10：编写 main 函数。

```
void main(void)
{
  InitIO();                          //I/O 口初始化
  Init_Timer1();                     //定时器 1 初始化
  EA=1;                              //使能系统中断总开关
  while(1)
  {
    SW1_Key_Scan();                  //SW1 按键检测
    SW2_Key_Scan();                  //SW2 按键检测
  }
}
```

main 函数完成 I/O 口初始化、定时器 1 初始化及使能系统中断总开关后，不断循环执行 SW1 按键检测和 SW2 按键检测，具体流程如图 5-2-2 所示。

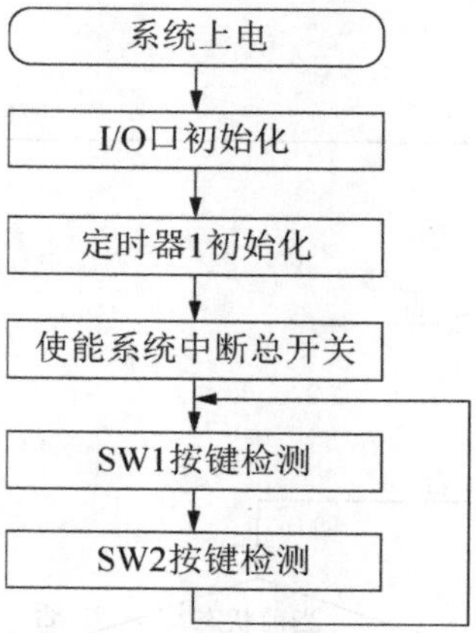

图 5-2-2　main 函数的具体流程

在本任务代码中，应用到了图 5-2-3 所示的知识点。

3. 编译工程

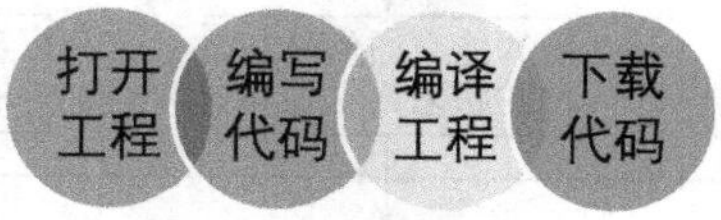

对工程进行编译，观察是否提示编译成功。如果出现错误或警告，需要认真检查修改，重新编译链接，直到没有错误和警告为止。

4. 下载代码

① 用 CC Debugger 仿真器的下载线连接黑板。

② 完成代码下载。

③ 黑板上电，D4 红色 LED 熄灭，D5 绿色 LED 点亮，表示上电初始化为手动模式且智能交通信号灯的状态为绿灯亮；手动操作 SW1 按键，智能交通信号灯的状态按照“D5 绿色 LED 亮→D3 绿色 LED 亮→D6 红色 LED 亮→D5 绿色 LED 亮→……”的顺序进行切换。

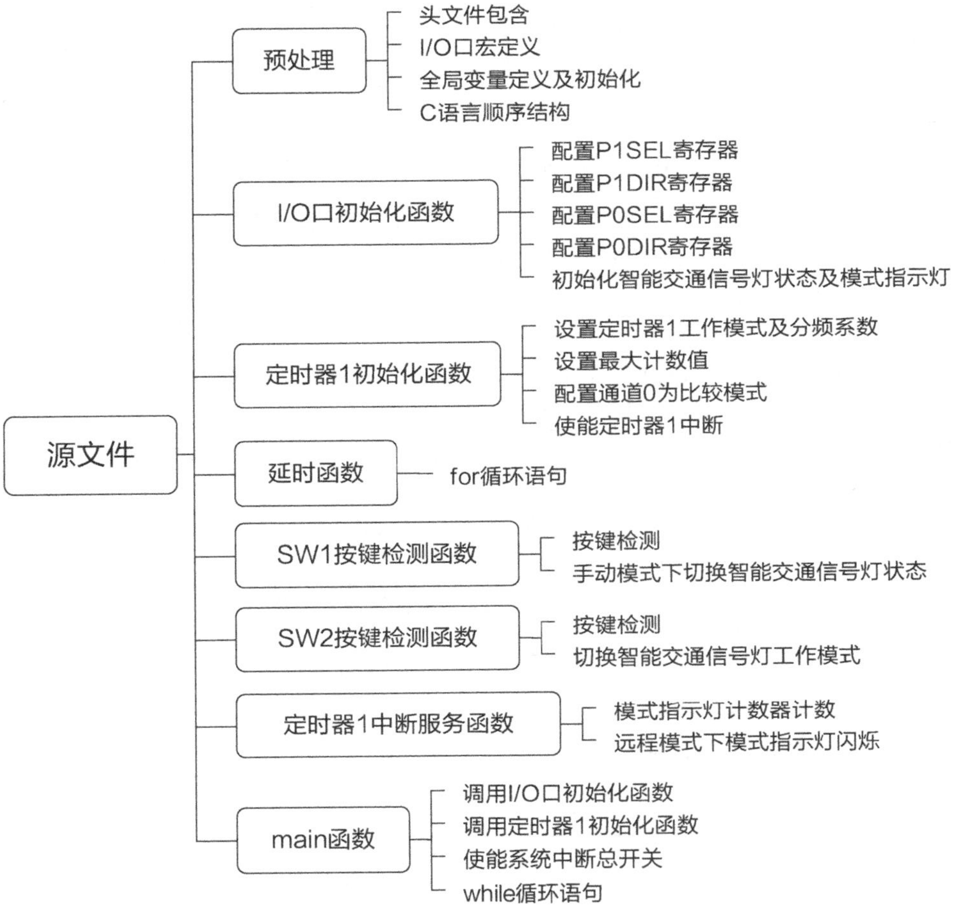

图 5-2-3　任务 2 代码中应用到的知识点

任务工单

本任务的任务工单如表 5-2-2 所示。

表 5-2-2　任务 2 的任务工单

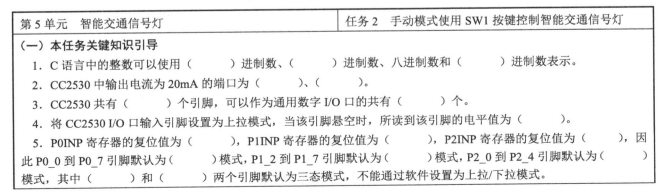

第 5 单元　智能交通信号灯	任务 2　手动模式使用 SW1 按键控制智能交通信号灯
（一）本任务关键知识引导 1. C 语言中的整数可以使用（　　）进制数、（　　）进制数、八进制数和（　　）进制数表示。 2. CC2530 中输出电流为 20mA 的端口为（　　）、（　　）。 3. CC2530 共有（　　）个引脚，可以作为通用数字 I/O 口的共有（　　）个。 4. 将 CC2530 I/O 口输入引脚设置为上拉模式，当该引脚悬空时，所读到该引脚的电平值为（　　）。 5. P0INP 寄存器的复位值为（　　），P1INP 寄存器的复位值为（　　），P2INP 寄存器的复位值为（　　），因此 P0_0 到 P0_7 引脚默认为（　　）模式，P1_2 到 P1_7 引脚默认为（　　）模式，P2_0 到 P2_4 引脚默认为（　　）模式，其中（　　）和（　　）两个引脚默认为三态模式，不能通过软件设置为上拉/下拉模式。	

续表

6. 在独立按键电路中，当按键被按下时，所读到按键引脚电平值为（　　）；当按键被松开时，所读到按键引脚电平值为（　　）。

7. 按键消抖的方法包括（　　　　　）和（　　　　）。

8. 将 P1_2 引脚配置为输入上拉模式，需要对（　　　）、（　　　）、（　　　）、（　　　）4 个寄存器进行配置。

（二）任务检查与评价

序号	评价内容	评价标准	分值	得分
评价方式		可采用自评、互评、教师评价等方式		
说明		主要评价学生在学习过程中的操作技能、理论知识、学习态度、课堂表现、学习能力等		
1	知识运用（20%）	掌握相关理论知识，正确完成本任务关键知识的作答（20 分）	20 分	
2	专业技能（40%）	工程编译通过，SW1 按键动作，智能交通信号灯状态切换正常（40 分）	40 分	
		工程编译通过，SW1 按键动作，智能交通信号灯状态切换异常（30 分）		
		完成代码的输入，但工程编译没有通过（15 分）		
		打开工程错误或输入部分代码（5 分）		
3	核心素养（20%）	具有良好的自主学习、分析解决问题、帮助他人的能力，任务过程中有指导他人并解决他人问题的行为（20 分）	20 分	
		具有较好的学习能力和分析解决问题的能力，任务过程中无指导他人的行为（15 分）		
		具有主动学习并收集信息的能力，遇到问题能请教他人并得以解决（10 分）		
		不主动学习（0 分）		
4	职业素养（20%）	实验完成后，设备无损坏且摆放整齐，工位区域内保持整洁，无干扰课堂秩序的行为（20 分）	20 分	
		实验完成后，设备无损坏，无干扰课堂秩序的行为（15 分）		
		无干扰课堂秩序的行为（10 分）		
		干扰课堂秩序（0 分）		
		总得分		

四 任务小结

手动模式使用 SW1 按键控制智能交通信号灯的思维导图如图 5-2-4 所示。

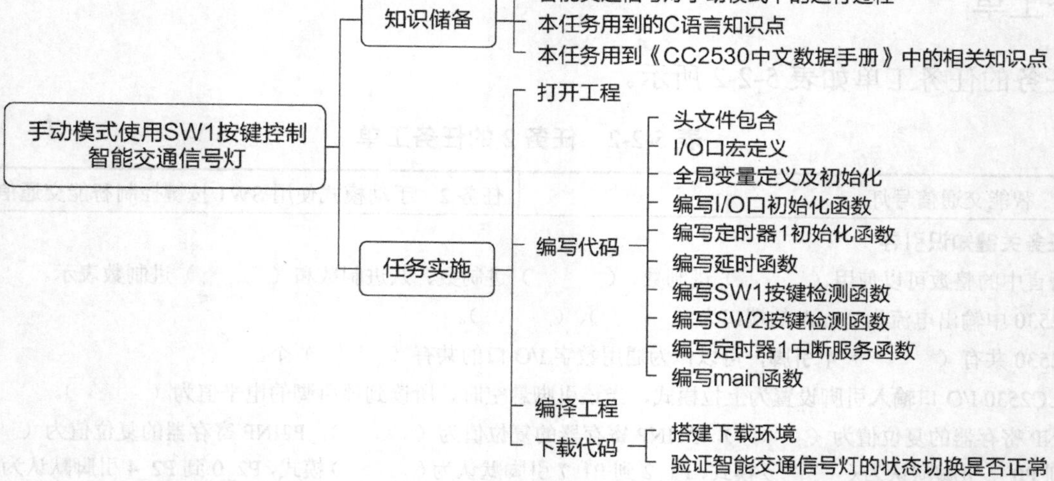

图 5-2-4　手动模式使用 SW1 按键控制智能交通信号灯的思维导图

知识与技能提升

动动脑

思考：为什么要定义字节型全局变量 Led_State 记录智能交通信号灯的状态？

动动手

请将 SW1 按键检测函数里的 switch 语句改成 if 语句，使其保持现有功能不变。

拓展练习

本任务在 SW1 和 SW2 按键检测函数里均采用了 while 循环语句，当 SW2 按键被按下未松开或卡键时，SW1 按键检测函数将不会被执行；同理当 SW1 按键被按下未松开或卡键时，SW2 按键检测函数也将不会被执行。

针对以上问题，可以采用状态机的方式，即把每个任务分解成多个状态，自上而下执行，连续执行动作放在一个状态中，而把需要等待判断的动作独立放在另一个状态中。在 main 函数的 while(1)循环里，每次循环进入等待判断状态，当条件满足时，退出等待判断状态，进入任务的下一状态；如果条件不满足，退出任务，下一次循环再次进入等待判断状态。采用这种状态机的方式，可以有效地避免某个条件不满足导致主循环中的其他任务不被执行或相对较长时间不被执行。

任务 3　自动模式使用定时器 1 在模模式下控制智能交通信号灯

任务描述与任务分析

任务描述：

智能交通信号灯自动定时循环交替开关。

模拟效果：

①黑板通电后，D4 红色 LED 熄灭（模式指示灯灭），D5 绿色 LED 点亮（绿灯亮），D3 绿色 LED 和 D6 红色 LED 熄灭，表示初始化状态为手动模式和绿灯亮。

②操作 SW2 按键，D4 红色 LED 点亮为自动模式，智能交通信号灯按照“绿灯亮 5s→黄灯亮 1s→红灯亮 5s→绿灯亮 5s→……”的顺序自动定时循环交替开关，其中 D5 绿色 LED、D3 绿色 LED、D6 红色 LED 分别表示绿灯、黄灯、红灯。

任务分析：

定时器 1 在模模式下实现定时输出控制；定义智能交通信号灯计数器对定时中断进行计数，根据计数器的值计算时长并控制智能交通信号灯。

建议学生带着以下问题进行本任务的学习和实践。

- 如何使用计数器对定时中断进行计数?
- 如何根据计数器的值判断智能交通信号灯点亮时长并进行逻辑分析处理?
- 本任务需要用到C语言的哪些知识点?
- 本任务需要用到《CC2530中文数据手册》中的哪些相关知识点?
- 如何设计本任务的工作流程?

1. 智能交通信号灯自动模式下的运行过程

大部分情况下，智能交通信号灯工作在自动模式下，按照“绿灯亮→黄灯亮→红灯亮→绿灯亮→……”的顺序自动定时循环交替开关。每种智能交通信号灯点亮的时长不一样，一般根据路口的交通状况进行调整。因此在自动模式下，需要定义一个智能交通信号灯计数器对定时中断进行计数，根据计数器的值控制智能交通信号灯的自动定时循环交替开关。

本任务定时器1的中断周期为1ms，定义一个字型全局变量Led_Timer，并将其初始化为0，定时器1每中断一次，Led_Timer加1。当Led_Timer的值等于5000时，黄灯点亮，绿灯和红灯熄灭；当Led_Timer的值等于6000时，红灯点亮，绿灯和黄灯熄灭；当Led_Timer的值等于11000时，绿灯点亮，黄灯和红灯熄灭，同时将Led_Timer赋值为0，进入下一轮定时器1中断计数。

本任务中关于字型全局变量Led_Timer及智能交通信号灯点亮时长宏定义的配置代码如下：

```
#define Green_Time      5000          //绿灯点亮时长
#define Yellow_Time     1000          //黄灯点亮时长
#define Red_Time       5000          //红灯点亮时长
unsigned int  Led_Timer=0;           //智能交通信号灯计数器
```

2. 本任务用到的C语言知识点

已在本单元任务1中介绍。

3. 本任务用到《CC2530中文数据手册》中的相关知识点

已在本单元任务1中介绍。

任务实施

任务实施前必须先准备好设备和资源，如表5-3-1所示。

表5-3-1 任务3需准备的设备和资源

序号	设备/资源名称	数量	是否准备到位
1	计算机（已安装好IAR软件）	1台	
2	NEWLab实训平台	1套	
3	CC Debugger仿真器	1套	
4	黑板	1块	

任务实施导航

具体实施流程如下。

1. 打开工程

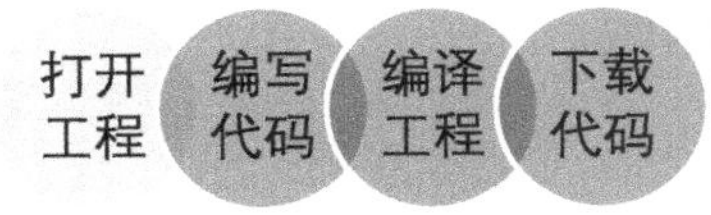

打开本书配套源代码文件夹中的“自动模式使用定时器 1 在模模式下控制智能交通信号灯.ewp”工程。

2. 编写代码

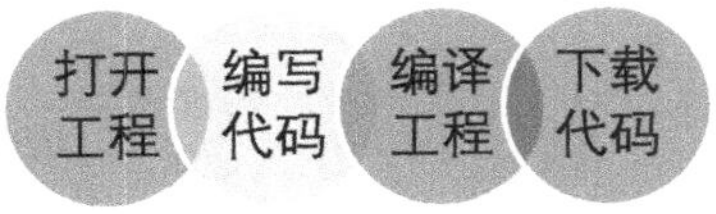

步骤 1：头文件包含。

```
#include <ioCC2530.h>
```

步骤 2：I/O 口宏定义。

```
#define Led_red       P1_4                //P1_4 引脚宏定义
#define Led_green     P1_3                //P1_3 引脚宏定义
#define Led_yellow        P1_0            //P1_0 引脚宏定义
#define Led_Mode      P1_1                //P1_1 引脚宏定义
#define SW1           P1_2                //P1_2 引脚宏定义
#define SW2           P0_1                //P0_1 引脚宏定义
#define Manual_Mode   0x00                //手动模式
#define Auto_Mode     0x01                //自动模式
#define Remote_Mode   0x02                //远程模式
#define Green_State   0x00                //绿灯亮
#define Yellow_State  0x01                //黄灯亮
#define Red_State     0x02                //红灯亮
#define Green_Time        5000            //绿灯点亮时长
#define Yellow_Time       1000            //黄灯点亮时长
#define Red_Time      5000                //红灯点亮时长
```

步骤 3：全局变量定义及初始化。

```
unsigned char Work_Mode=Manual_Mode;       //工作模式，初始化默认为手动模式
unsigned char Led_State =Green_State;      //初始化默认为绿灯亮
unsigned int  Mode_Led_Timer=0;            //模式指示灯计数器，单位为ms
unsigned int  Led_Timer=0;                 //智能交通信号灯计数器，单位为ms
```

执行 main 函数之前，全局变量将被定义并初始化。黑板上电后，工作模式为手动模式，智能交通信号灯的状态为绿灯亮。

步骤 4：编写 I/O 口初始化函数。

已在本单元任务 2 中完成。

步骤5：编写定时器1初始化函数。

已在本单元任务1中完成。

步骤6：编写延时函数。

已在本单元任务1中完成。

步骤7：编写SW1按键检测函数。

已在本单元任务2中完成。

步骤8：编写SW2按键检测函数。

已在本单元任务1中完成。

步骤9：编写定时器1中断服务函数。

```
#pragma vector=T1_VECTOR                        //定时器1中断向量指定
__interrupt void Timer1_ISR(void)
{
  Led_Timer++;                                  //智能交通信号灯计数器加1
  Mode_Led_Timer++;                             //模式指示灯计数器加1
  switch(Work_Mode)                             //判断工作模式
  {
    case Auto_Mode:                             //自动模式
      switch(Led_Timer)                         //智能交通信号灯点亮时长计数器
      {
        case   Green_Time:                      //绿灯点亮5s，时间到
          Led_green=0;                          //绿灯灭
          Led_yellow=1;                         //黄灯亮
          Led_red=0;                            //红灯灭
          Led_State=Yellow_State;               //黄灯状态
        break;
        case   (Green_Time+Yellow_Time):        //黄灯点亮1s，时间到
          Led_green=0;                          //绿灯灭
          Led_yellow=0;                         //黄灯灭
          Led_red=1;                            //红灯亮
          Led_State=Red_State;                  //红灯状态
        break;
        case   (Green_Time+Yellow_Time+Red_Time):       //红灯点亮5s，时间到
          Led_green=1;                          //绿灯亮
          Led_yellow=0;                         //黄灯灭
          Led_red=0;                            //红灯灭
          Led_Timer=0;                          //智能交通信号灯计数器清0
          Led_State=Green_State;                //绿灯状态
        break;
        default:
        break;
      }
    break;
    case Remote_Mode:
      if(Mode_Led_Timer==500)
```

```
        {
          Mode_Led_Timer=0;                //模式指示灯计数器清 0
          Led_Mode=~Led_Mode;              //模式指示灯状态翻转，亮 0.5s 灭 0.5s
        }
      break;
      default:
      break;
    }
}
```

定时器 1 中断周期为 1ms，分别将智能交通信号灯计数器和模式指示灯计数器加 1；在自动模式下，根据智能交通信号灯计数器的值控制智能交通信号灯的状态；在远程模式下，根据模式指示灯计数器的值翻转模式指示灯状态，实现模式指示灯闪烁，具体流程如图 5-3-1 所示。

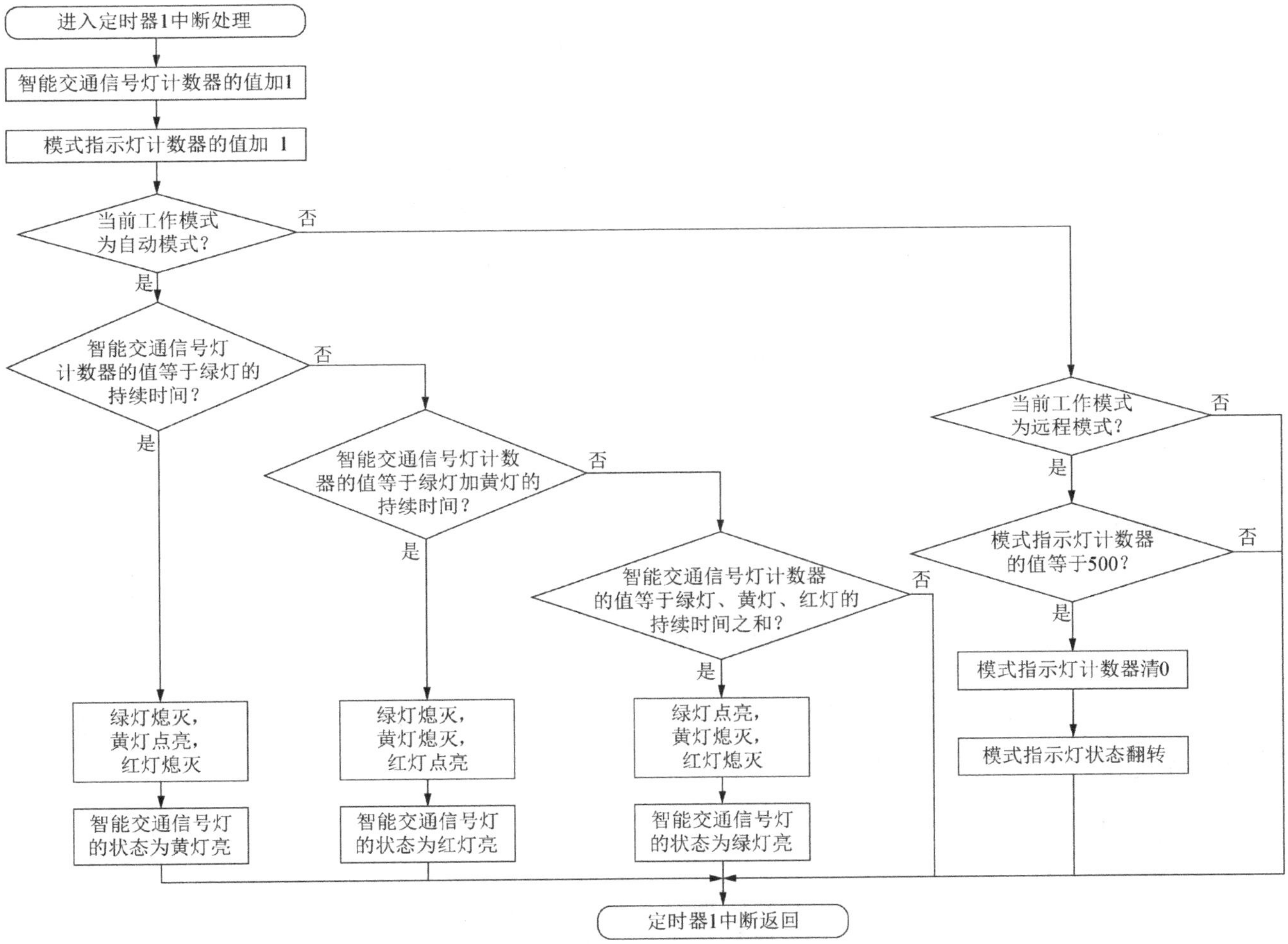

图 5-3-1　定时器 1 中断处理具体流程

步骤 10：编写 main 函数。

已在本单元任务 2 中完成。

在本任务代码中，应用了图 5-3-2 所示的知识点。

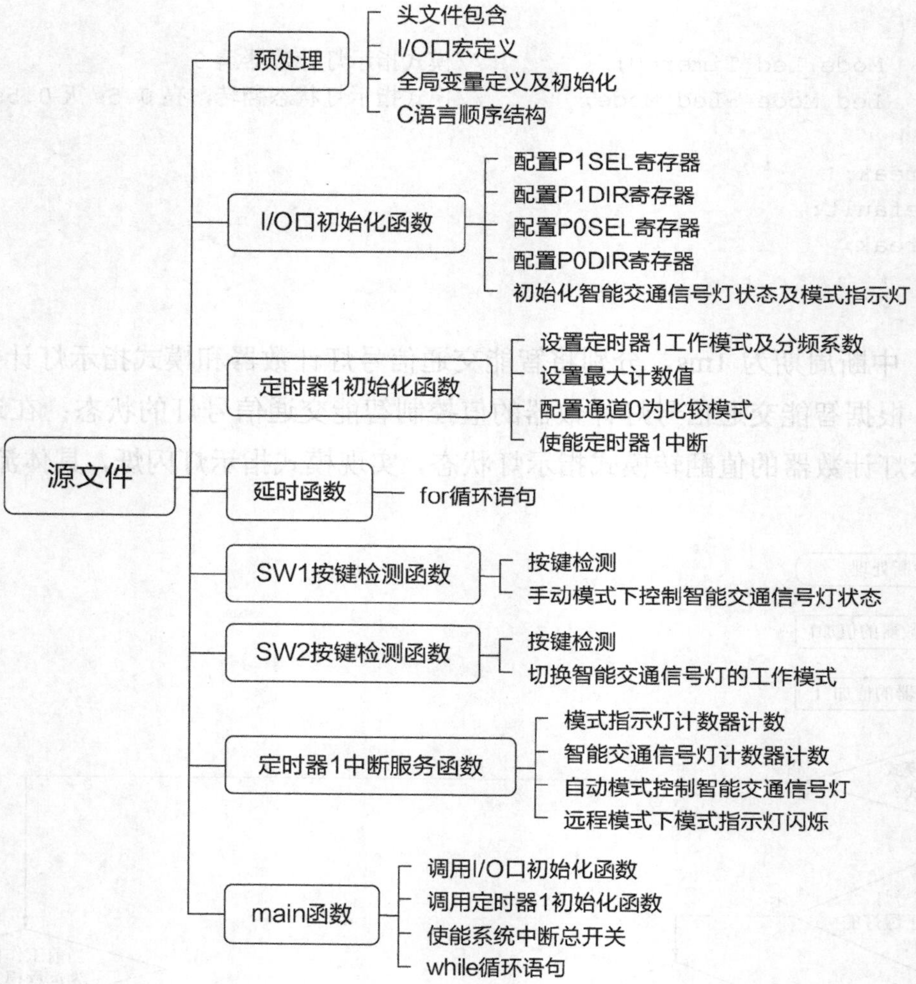

图 5-3-2　任务 3 代码中应用到的知识点

3. 编译工程

对工程进行编译，观察是否提示编译成功。如果出现错误或警告，需要认真检查修改，重新编译链接，直到没有错误和警告为止。

4. 下载代码

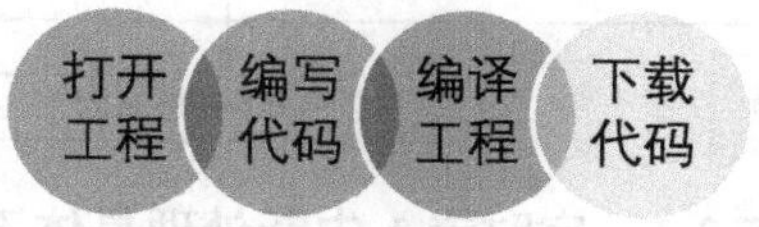

① 用 CC Debugger 仿真器的下载线连接黑板。

② 完成代码下载。

③ 黑板上电，D4 红色 LED 熄灭，表示当前为手动模式；手动操作 SW2 按键直到 D4 红色 LED 闪烁，表示当前为自动模式；智能交通信号灯状态将按照“D5 绿色 LED 亮 5s→D3 绿

色 LED 亮 1s→D6 红色 LED 亮 5s→D5 绿色 LED 亮 5s→……”的顺序进行自动定时交替开关。

任务工单

本任务的任务工单如表 5-3-2 所示。

表 5-3-2　任务 3 的任务工单

第 5 单元　智能交通信号灯	任务 3　自动模式使用定时器 1 在模模式下控制智能交通信号灯

（一）本任务关键知识引导

1．T1CC0 是一个（　　　　）位的二进制数，由（　　　　）捕获/比较高 8 位寄存器（　　　　）和低 8 位寄存器（　　　　）共同组成。

2．当定时器 1 工作在模模式下产生比较输出时，（　　　　）寄存器中的定时器 1 通道 0 中断标志位（　　　　）被（　　　　）自动置（　　　　）；在定时器 1（　　　　）中断使能的情况下，硬件会自动将（　　　　）寄存器的定时器 1 中断标志位（　　　　）置（　　　　）。在（　　　　）中断和（　　　　）使能的情况下，CC2530 检测到定时器 1 中断标志位（　　　　）为 1，将会触发定时器 1 中断，执行定时器 1 中断服务函数。

3．CC2530 的系统中断总开关（　　　）置（　　　）后，全部中断都（　　　）响应。

4．（　　　　）循环是一种执行指定次数的循环结构，包含 4 个部分：（　　　　　　）、（　　　　　　）、（　　　　　　）、（　　　　）。

5．位运算符（　　　）对操作数按二进制位进行取反运算。

6．（　　　　）语句允许测试一个变量等于多个值时的情况，只有遇到（　　　　）语句才会退出。

7．在所有函数外部定义的变量称为（　　　　），在整个程序中有效。（　　　　）是在函数内部定义的变量，仅在函数内有效。

（二）任务检查与评价

评价方式	可采用自评、互评、教师评价等方式			
说明	主要评价学生在学习过程中的操作技能、理论知识、学习态度、课堂表现、学习能力等			

序号	评价内容	评价标准	分值	得分
1	知识运用（20%）	掌握相关理论知识，正确完成本任务关键知识的作答（20 分）	20 分	
2	专业技能（40%）	工程编译通过，选择自动模式，智能交通信号灯自动定时交替开关正常（40 分）	40 分	
		工程编译通过，选择自动模式，智能交通信号灯自动定时交替开关异常（30 分）		
		完成代码的输入，但工程编译没有通过（15 分）		
		打开工程错误或输入部分代码（5 分）		
3	核心素养（20%）	具有良好的自主学习、分析解决问题、帮助他人的能力，任务过程中有指导他人并解决他人问题的行为（20 分）	20 分	
		具有较好的学习能力和分析解决问题的能力，任务过程中无指导他人的行为（15 分）		
		具有主动学习并收集信息的能力，遇到问题能请教他人并得以解决（10 分）		
		不主动学习（0 分）		
4	职业素养（20%）	实验完成后，设备无损坏且摆放整齐，工位区域内保持整洁，无干扰课堂秩序的行为（20 分）	20 分	
		实验完成后，设备无损坏，无干扰课堂秩序的行为（15 分）		
		无干扰课堂秩序的行为（10 分）		
		干扰课堂秩序（0 分）		
总得分				

任务小结

自动模式使用定时器 1 在模模式下控制智能交通信号灯的思维导图如图 5-3-3 所示。

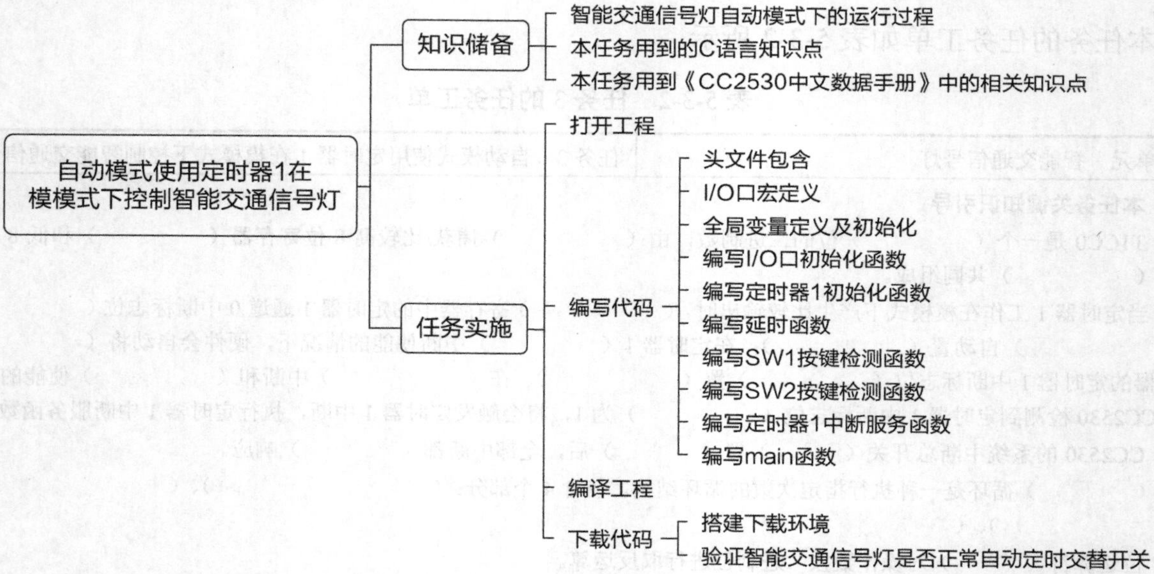

图 5-3-3　自动模式使用定时器 1 在模模式下控制智能交通信号灯的思维导图

知识与技能提升

动动脑

智能交通信号灯点亮时长对应的数值采用宏定义的方式有什么优点？

动动手

请在本任务代码的基础上进行修改，将绿灯点亮时长改为 15s，红灯点亮时长改为 10s，黄灯点亮时长仍为 1s。

拓展练习

本任务定时器 1 的中断周期为 1ms，绿灯点亮时长对应的计数器数值定义为 5000，即 5000 次定时器 1 中断的时间累加刚好为 5s。在实际编程中，5000 这个数值对应 5s 时长不够直观，往往是把绿灯点亮时长对应的计数器数值定义为 5，那么需要在原有代码基础上如何修改呢？

针对以上问题，需要在定时器 1 中断的基础上构建 1s 定时器，然后在这个 1s 定时器上进行计数。可以定义一个字型全局变量，将此变量初始化为 0，定时器 1 每中断一次，该变量加 1。当该变量的值累加到 1000 时，刚好完成 1s 的定时计数，这时绿灯点亮时长对应的计数器加 1，同时将此变量赋值为 0，进行下一次循环计数。

任务 4　远程模式使用串口命令控制智能交通信号灯

任务描述与任务分析

任务描述：

接续任务 3，实现远程模式控制，计算机发送串口命令控制智能交通信号灯。

模拟效果：

①黑板通电后，D5 绿色 LED 点亮（绿灯亮），D3 绿色 LED、D4 红色 LED 和 D6 红色 LED 均熄灭，表示初始化状态为手动模式和绿灯亮。

②操作 SW2 按键，直到出现 D4 红色 LED 闪烁（模式指示灯闪烁），表示当前为远程模式。

③计算机发送控制命令 0xBF，D4 红色 LED 闪烁，D3 绿色 LED 点亮（黄灯亮），D5 绿色 LED 和 D6 红色 LED 熄灭，计算机接收到应答数据 0xBF。

④计算机发送控制命令 0xCF，D4 红色 LED 闪烁，D6 红色 LED 点亮（红灯亮），D3 绿色 LED 和 D5 绿色 LED 熄灭，计算机接收到应答数据 0xCF。

⑤计算机发送控制命令 0xAF，D4 红色 LED 闪烁，D5 绿色 LED 点亮（绿灯亮），D3 绿色 LED 和 D6 红色 LED 熄灭，计算机接收到应答数据 0xAF。

⑥计算机发送除 0xAF、0xBF、0xCF 外的控制命令，D3 绿色 LED、D4 红色 LED、D5 绿色 LED、D6 红色 LED 状态不发生任何变化，计算机接收到的应答数据为计算机所发出的控制命令。

任务分析：

定时器 1 在模模式下实现定时输出控制；采用中断方式使串口接收计算机控制命令；根据控制命令控制智能交通信号灯；采用扫描方式将控制命令作为应答数据发送给计算机。

建议学生带着以下问题进行本任务的学习和实践。

- 如何将串口接收移位寄存器的内容放入串口接收数据缓冲区并通知主函数串口接收到数据？
- 如何根据串口接收数据缓冲区的值控制智能交通信号灯并将其作为应答数据发送给计算机？
- 本任务需要用到 C 语言的哪些知识点？
- 本任务需要用到《CC2530 中文数据手册》中的哪些相关知识点？
- 如何设计本任务的工作流程？

知识储备

1. 智能交通信号灯远程模式下的运行过程

在远程模式下，单片机通过串口接收计算机发送的控制命令控制智能交通信号灯，并将控制命令作为应答数据发送给计算机。控制命令可以是一个字节，也可以是多个字节，每个字节所代表的含义依据双方制定的控制协议而定。单片机串口发送和接收都可以采用扫描方式或中断方式，但在工程应用中，串口发送一般采用扫描方式，而串口接收一般采用中断方式。

本任务的串口发送采用扫描方式，串口接收采用中断方式。串口接收中断服务函数的执行时间要求尽可能短，避免接收连续字节过程中丢掉下一个字节。因此，在串口接收中断服务函数里，需要将接收移位寄存器的内容放入串口接收数据缓冲区，同时更新串口接收数据更新标志。

定义两个字节型全局变量，其中一个变量用作串口接收数据缓冲区，另一个变量用作串口接收数据更新标志。当串口接收数据更新标志无效时，表示串口未接收到新的数据；当串口接收数据更新标志有效时，表示串口已接收到新的数据。主函数根据串口接收数据更新标志的值判断串口是否接收到新的数据，同时根据串口接收数据缓冲区的值控制智能交通信号灯。

本任务中定义串口接收数据缓冲区和串口接收数据更新标志的配置代码如下：

```
unsigned char Rec_Data=0x00;              //串口接收数据缓冲区
unsigned char Rec_flag=0x00;              //串口接收数据更新标志
```

Rec_flag 为 0x00 表示串口未接收到新的数据；Rec_flag 为 0x01 表示串口已接收到新的数据。

2. 本任务用到的 C 语言知识点

已在本单元任务 1 中介绍。

3. 本任务用到《CC2530 中文数据手册》中的相关知识点

本任务主要涉及 I/O 口输入检测、I/O 口输出控制、定时器 1 计数和串口 0 通信，其中，I/O 口输入检测采用扫描方式，定时器 1 选择工作在模模式下，串口 0 接收采用中断方式，串口 0 发送采用扫描方式。

为完成本任务，可查阅《CC2530 中文数据手册》中的相关知识点，具体如下。

① 查阅《CC2530 中文数据手册》中的“7.3 通用 I/O”。

② 查阅《CC2530 中文数据手册》中的“7.6 外设 I/O”

③ 查阅《CC2530 中文数据手册》中的“7.11 I/O 引脚”。

④ 查阅《CC2530 中文数据手册》中的“9.1 16 位计数器”。

⑤ 查阅《CC2530 中文数据手册》中的“9.4 模模式”。

⑥ 查阅《CC2530 中文数据手册》中的“9.8 输出比较模式”。

⑦ 查阅《CC2530 中文数据手册》中的“9.10 定时器 1 中断”。

⑧ 查阅《CC2530 中文数据手册》中的“9.12 定时器 1 寄存器”。

⑨ 查阅《CC2530 中文数据手册》中的“16.1 UART 模式”。

⑩ 查阅《CC2530 中文数据手册》中的“16.4 波特率的产生”。

⑪ 查阅《CC2530 中文数据手册》中的“16.6 USART 中断”。

⑫ 查阅《CC2530 中文数据手册》中的“16.8 USART 寄存器”。

任务实施

任务实施前必须先准备好设备和资源，如表 5-4-1 所示。

表 5-4-1　任务 4 需准备的设备和资源

序号	设备/资源名称	数量	是否准备到位
1	计算机（已安装好 IAR 软件）	1 台	
2	NEWLab 实训平台	1 套	
3	CC Debugger 仿真器	1 套	
4	黑板	1 块	

任务实施导航

具体实施流程如下。

1. 打开工程

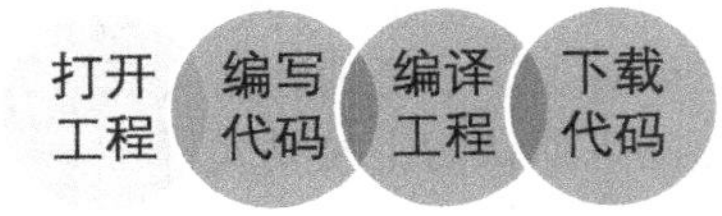

打开本书配套源代码文件夹中的“远程模式使用串口命令控制智能交通信号灯.ewp”工程。

2. 编写代码

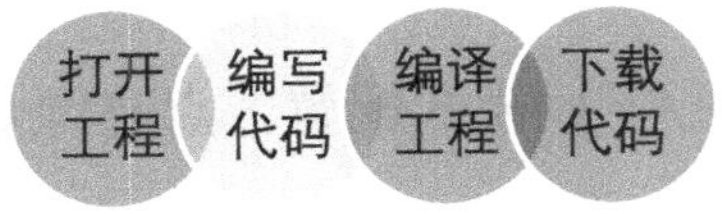

步骤 1：头文件包含。

```
#include <ioCC2530.h>
```

步骤 2：I/O 口宏定义。

```
#define Led_red        P1_4     //P1_4 引脚宏定义
#define Led_green      P1_3     //P1_3 引脚宏定义
#define Led_yellow     P1_0     //P1_0 引脚宏定义
#define Led_mode       P1_1     //P1_1 引脚宏定义
#define SW1            P1_2     //P1_2 引脚宏定义
#define SW2            P0_1     //P0_1 引脚宏定义

#define Manual_Mode        0x00     //手动模式
#define Auto_Mode          0x01     //自动模式
#define Remote_Mode        0x02     //远程模式
```

```
#define Green_State          0x00     //绿灯亮
#define Yellow_State         0x01     //黄灯亮
#define Red_State            0x02     //红灯亮
#define Yellow_Time          5000     //绿灯持续时间
#define Red_Time             6000     //绿灯与黄灯持续的总时间
#define Green_Time           11000    //绿灯、黄灯、红灯持续的总时间
```

步骤 3：全局变量定义及初始化。

```
unsigned char Work_Mode=Manual_Mode;        //工作模式，初始化默认为手动模式
unsigned char Led_State =Green_State;       //初始化默认为绿灯亮
unsigned int  Led_Timer=0;                  //智能交通信号灯计数器
unsigned int  Mode_Led_Timer=0;             //模式指示灯计数器，单位为ms
unsigned char Rec_Data=0x00;                //串口接收数据缓冲区
unsigned char Rec_flag=0;                   //串口接收数据更新标志
```

执行 main 函数之前，全局变量将被定义并初始化，因此黑板上电后，工作模式默认为手动模式且智能交通信号灯的状态默认为绿灯亮。

步骤 4：编写 I/O 口初始化函数。

```
void InitIO(void)
{
  P1SEL &=0xE4;          //设置 P1_0、P1_1、P1_3、P1_4 引脚为通用 I/O 口
  P1DIR |=0x1B;          //设置 P1_0、P1_1、P1_3、P1_4 引脚为输出
  P1SEL &=0xFB;          //设置 P1_2 引脚为通用 I/O 口
  P1DIR &=0xFB;          //设置 P1_2 引脚为输入
  P0SEL&=0xFD;           //设置 P0_1 引脚为通用 I/O 口
  P0DIR&=0xFD;           //设置 P0_1 引脚为输入
  P2INP=0x00;            //输入默认为上拉模式
  Led_red=0;             //关闭红灯
  Led_green=1;           //开启绿灯
  Led_yellow=0;          //关闭黄灯
  Led_Mode=0;            //模式指示灯关闭，表示上电初始状态为手动模式
}
```

完成 I/O 口的输入/输出与上拉/下拉模式配置，点亮绿灯，并将模式指示灯关闭，表示上电初始状态为手动模式。

步骤 5：编写定时器 1 初始化函数。

```
void Init_Timer1(void)
{
  T1CTL=0x02;            //配置定时器分频系数为 1，默认为 16MHz，选择模模式
  T1CC0L=0x80;           //设置最大计数值低 8 位
  T1CC0H=0x3E;           //设置最大计数值高 8 位，最大计数值为 16000，定时 1ms
  T1CCTL0|=0x04;         //配置通道 0 为比较模式
  T1IE=1;                //使能定时器 1 中断
}
```

配置定时器 1 的分频系数为 1，从而决定定时器 1 的时钟频率；设置定时器 1 的最大计数值并选择模模式工作；配置定时器 1 通道 0 为比较模式并使能定时器 1 中断。

步骤 6：编写串口 0 初始化函数。

```
void InitUART(void)
{
    PERCFG = 0x00;          //串口 0 通信引脚选择备用位置 1
    P0SEL = 0x0C;           //配置 P0_2 和 P0_3 引脚为外设功能
    P2DIR &= ~0xC0;         //外设多功能复用引脚串口 0 的优先级最高
    U0CSR |= 0x80;          //选择异步 UART 方式
    U0GCR |= 9;             //设置通信波特率设为 9600bps
    U0BAUD |= 59;           //设置通信波特率设为 9600bps
    U0UCR |=0x02;           //禁止流控，串口 0 通信数据帧格式设置
    UTX0IF = 0;             //串口 0 发送中断标志位初始化为 0
    URX0IF = 0;             //串口 0 接收中断标志位初始化为 0
    U0CSR |= 0x40;          //串口 0 接收允许
    URX0IE=1;               //串口 0 接收中断使能
}
```

选择串口 0 通信的 I/O 口，设置串口 0 的通信波特率；设置串口 0 通信数据帧格式，将串口 0 发送中断标志位和接收中断标志位置 0；设置串口 0 接收允许，使能串口 0 接收中断。

步骤 7：编写延时函数。

已在本单元任务 1 中完成。

步骤 8：编写 SW1 按键检测函数。

已在本单元任务 2 中完成。

步骤 9：编写 SW2 按键检测函数。

已在本单元任务 1 中完成。

步骤 10：编写远程模式控制任务函数。

```
void Remote_Control_Task(void)
{
  if(Work_Mode==Remote_Mode)          //判断当前是否为远程模式
  {
    if(Rec_flag==1)                   //判断串口 0 是否接收到新数据
    {
      Rec_flag=0;                     //串口 0 接收更新标志置 0
      switch(Rec_Data)                //判断接收数据的值
      {
        case 0xAF:
          Led_green=1;                //绿灯亮
          Led_yellow=0;               //黄灯灭
          Led_red=0;                  //红灯灭
          Led_State=Green_State;      //绿灯状态
        break;
        case 0xBF:
          Led_green=0;                //绿灯灭
          Led_yellow=1;               //黄灯亮
          Led_red=0;                  //红灯灭
          Led_State=Yellow_State;     //黄灯状态
        break;
        case 0xCF:
```

```
          Led_green=0;                          //绿灯灭
          Led_yellow=0;                         //黄灯灭
          Led_red=1;                            //红灯亮
          Led_State=Red_State;                  //红灯状态
        break;
        default:
        break;
      }
      UTX0IF=0;                                 //串口 0 发送中断标志位清 0
      U0DBUF=Rec_Data;                          //串口 0 发送应答数据
      while(UTX0IF==0);                         //等待串口 0 发送完成
      UTX0IF=0;                                 //串口 0 发送中断标志位清 0，为下次发送做准备
    }
  }
}
```

远程模式下根据串口 0 接收的控制命令控制智能交通信号灯，并将接收的控制命令作为应答数据通过串口 0 发送至计算机，其流程如图 5-4-1 所示。

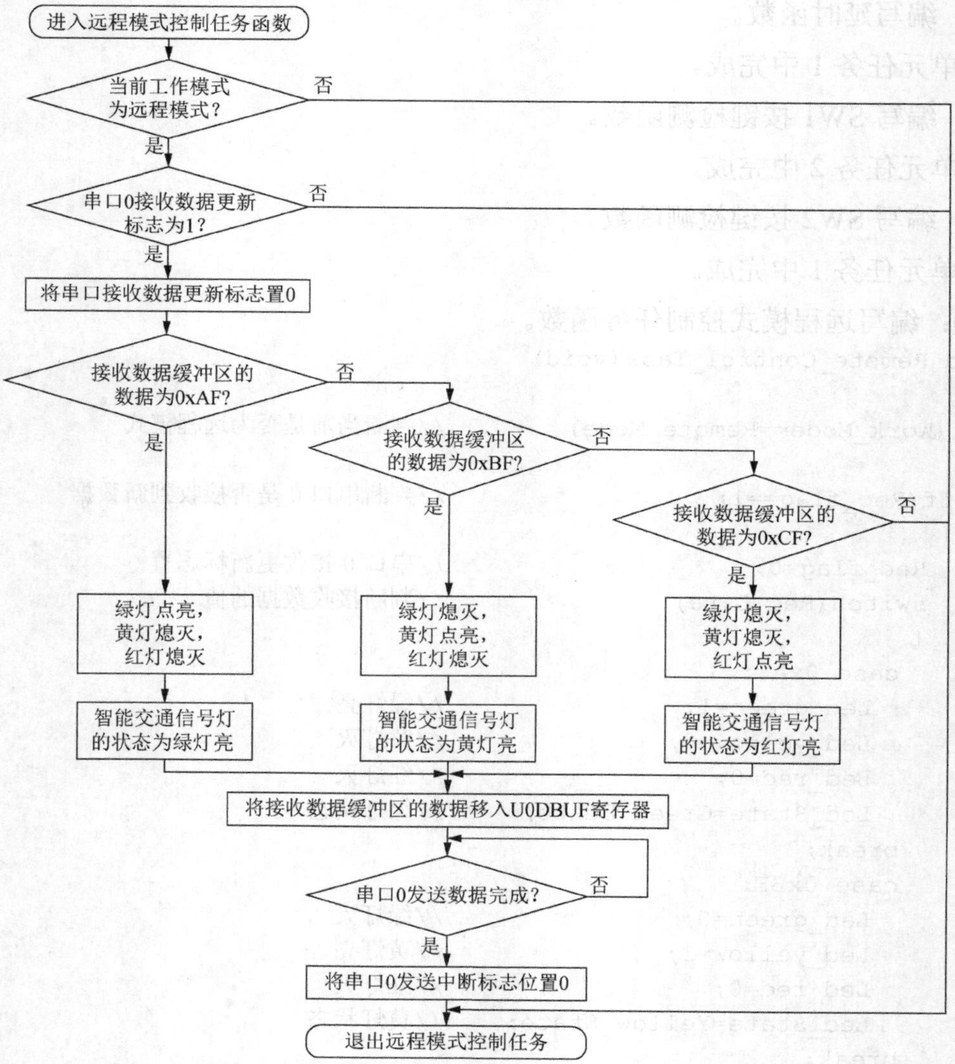

图 5-4-1　远程模式控制任务函数的流程

步骤 11：编写定时器 1 中断服务函数。

已在本单元任务 3 中完成。

步骤 12：编写串口 0 接收中断服务函数。

```
#pragma vector = URX0_VECTOR
 __interrupt void UART0_RX_ISR(void)
{
      URX0IF = 0;              //清除串口 0 接收中断标志位
      Rec_Data=U0DBUF;         //将接收到的数据放入接收数据缓冲区
      Rec_flag=1;              //串口 0 接收数据更新标志
}
```

串口 0 接收中断主要完成将接收到的数据移入接收数据缓冲区，同时将串口 0 接收数据更新标志置 1，main 函数根据串口 0 接收数据更新标志判断是否接收到控制命令。

步骤 13：编写 main 函数。

```
void main(void)
{
    InitIO();                          //I/O 口初始化
    Init_Timer1();                     //定时器 1 初始化
    InitUART();                        //串口 0 初始化
    EA=1;                              //使能系统中断总开关
    while(1)
    {
      SW1_Key_Scan();                  //SW1 按键检测
      SW2_Key_Scan();                  //SW2 按键检测
      Remote_Control_Task();           //远程模式控制任务
    }
}
```

main 函数完成 I/O 口初始化、定时器 1 初始化、串口 0 初始化及使能系统中断总开关后，不断循环执行 SW1 按键检测、SW2 按键检测及远程模式控制任务，其流程如图 5-4-2 所示。

在本任务代码中，应用了图 5-4-3 所示的知识点。

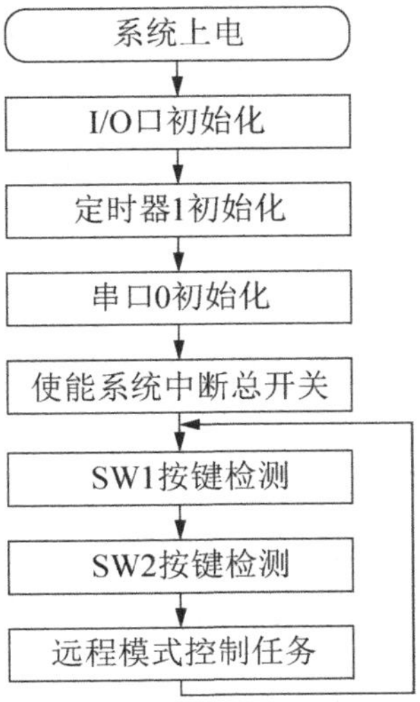

图 5-4-2　main 函数的流程

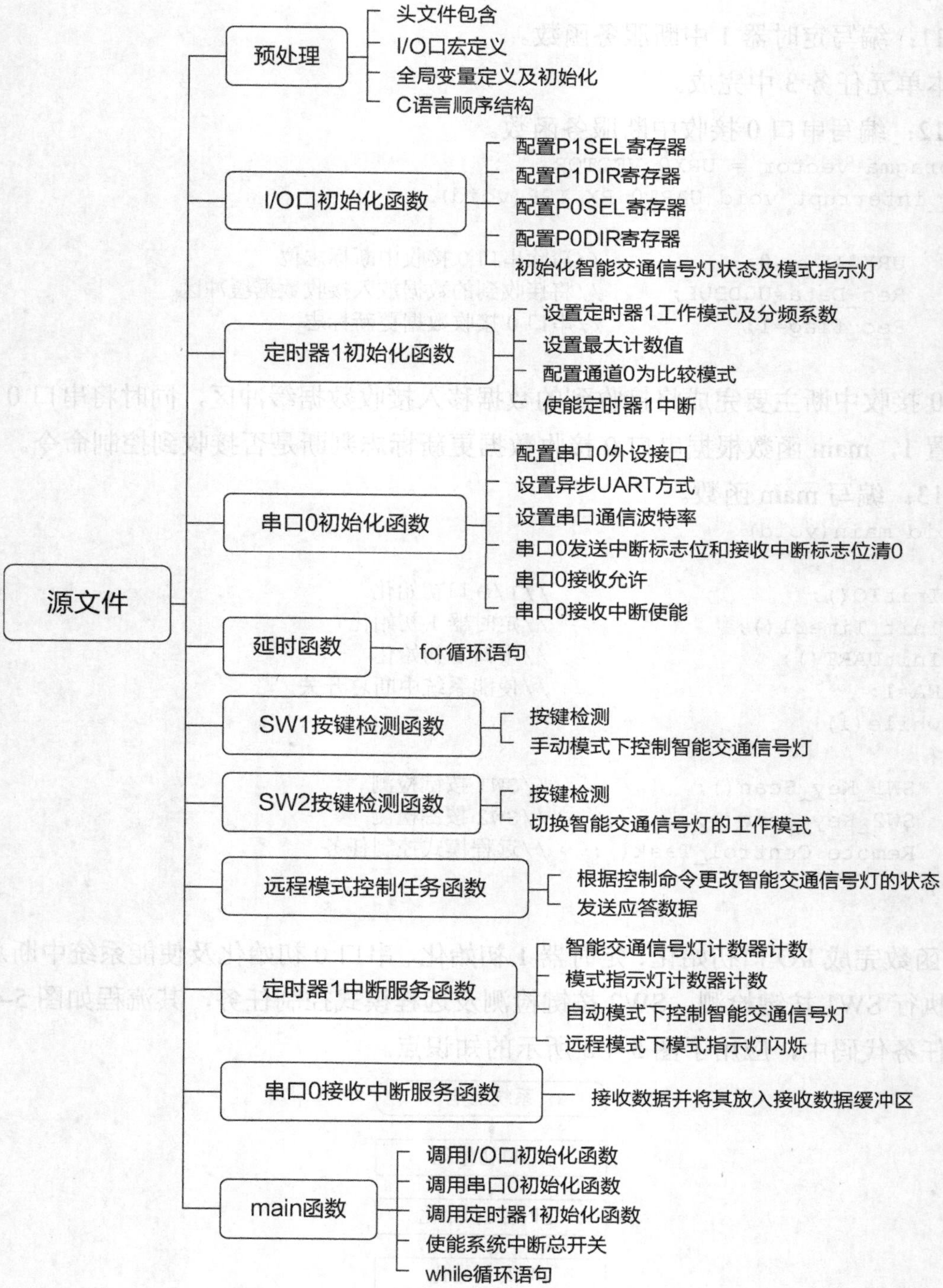

图 5-4-3　任务 4 代码中应用到的知识点

3. 编译工程

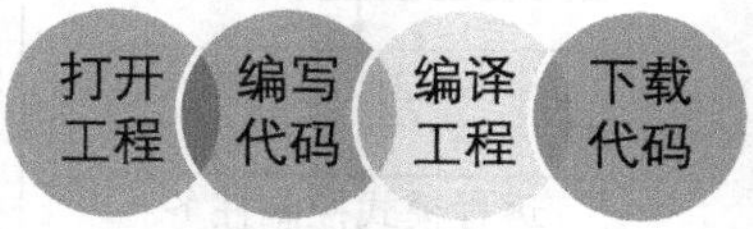

对工程进行编译，观察是否提示编译成功。如果出现错误或警告，需要认真检查修改，重新编译链接，直到没有错误和警告为止。

4. 下载代码

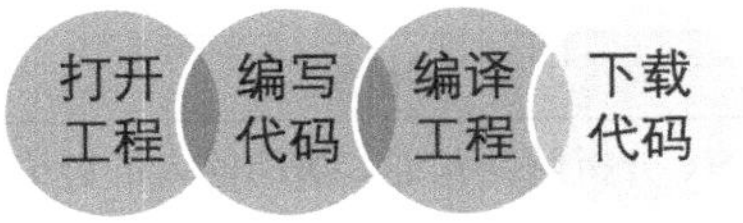

① 用 CC Debugger 仿真器的下载线连接黑板。

② 完成代码下载。

③ 黑板上电，手动操作 SW2 按键，若观察到 D4 红色 LED 闪烁，则表示当前为远程模式；计算机通过串口 0 发送 0xAF 命令，观察 D5 绿色 LED（绿灯）是否点亮，同时计算机是否接收到应答数据 0xAF；计算机通过串口 0 发送 0xBF 命令，观察 D3 绿色 LED（黄灯）是否点亮，同时计算机是否接收到应答数据 0xBF；计算机通过串口 0 发送 0xCF 命令，观察 D6 红色 LED（红灯）是否点亮，同时计算机是否接收到应答数据 0xCF。

任务工单

本任务的任务工单如表 5-4-2 所示。

表 5-4-2　任务 4 的任务工单

第 5 单元　智能交通信号灯	任务 4　远程模式使用串口命令控制智能交通信号灯

（一）本任务关键知识引导

1. CC2530 的串口 0 发送中断向量为（　　　　　　），串口 0 接收中断向量为（　　　　　　）。
2. CC2530 将（　　　　）置（　　　　）使能串口 0 发送中断，将（　　　　）置（　　　　）使能串口 0 接收中断。
3. （　　　　　　）类型数据长度为 1 字节，可以表示（　　　）到（　　　）之间的数值。（　　　　　　）类型数据长度为 2 字节，可以表示（　　　）到（　　　）之间的数值。
4. 当 while 循环语句的表达式为（　　　）时，执行循环体；当表达式为（　　　）时，跳出循环体。
5. 连接好 CC Debugger 仿真器，单击“Project”→“（　　　　　　）”按钮进入调试状态。
6. 单击“Debug”→“（　　　　　　）”按钮退出仿真调试模式。
7. 断点有（　　　　　　）和（　　　　　　）之分，功能为在指定指令或者代码行中断程序的执行。
8. P0INP 寄存器、P1INP 寄存器、P2INP 寄存器的配置只对（　　　）I/O 口有效。
9. 中断服务函数中（　　　　　　）关键字表示该函数是一个中断服务函数。
10. （　　　　　　　　）用于中断服务函数指向特定的中断向量。

（二）任务检查与评价

评价方式		可采用自评、互评、教师评价等方式		
说明		主要评价学生在学习过程中的操作技能、理论知识、学习态度、课堂表现、学习能力等		
序号	评价内容	评价标准	分值	得分
1	知识运用（20%）	掌握相关理论知识，正确完成本任务关键知识的作答（20 分）	20 分	
2	专业技能（40%）	工程编译通过，计算机发送命令、智能交通信号灯控制和计算机接收应答数据正常（40 分）	40 分	
		工程编译通过，计算机发送命令、智能交通信号灯控制和计算机接收应答数据异常（30 分）		
		完成代码的输入，但工程编译没有通过（15 分）		
		打开工程错误或输入部分代码（5 分）		

续表

续表

序号	评价内容	评价标准	分值	得分
3	核心素养（20%）	具有良好的自主学习、分析解决问题、帮助他人的能力，任务过程中有指导他人并解决他人问题的行为（20 分）	20 分	
		具有较好的学习能力和分析解决问题的能力，任务过程中无指导他人的行为（15 分）		
		具有主动学习并收集信息的能力，遇到问题能请教他人并得以解决（10 分）		
		不主动学习（0 分）		
4	职业素养（20%）	实验完成后，设备无损坏且摆放整齐，工位区域内保持整洁，无干扰课堂秩序的行为（20 分）	20 分	
		实验完成后，设备无损坏，无干扰课堂秩序的行为（15 分）		
		无干扰课堂秩序的行为（10 分）		
		干扰课堂秩序（0 分）		
总得分				

任务小结

远程模式使用串口命令控制智能交通信号灯的思维导图如图 5-4-4 所示。

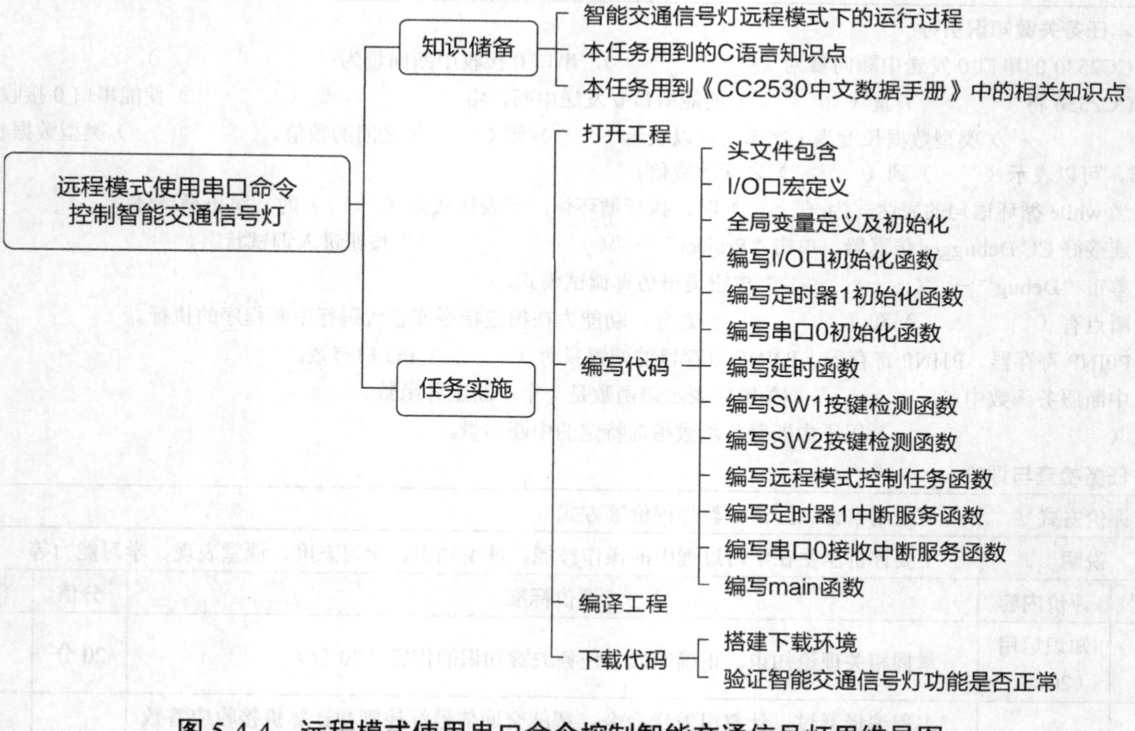

图 5-4-4　远程模式使用串口命令控制智能交通信号灯思维导图

知识与技能提升

动动脑

如果 SW1 按键或 SW2 按键出现卡键现象，那么远程模式下使用串口命令控制智能交通信号灯能正常运行吗？

动动手

请在本任务代码的基础上进行修改，实现当计算机发送控制命令 0x01 时，绿灯点亮并将控制命令加 1 作为应答数据；当计算机发送控制命令 0x02 时，黄灯点亮并将控制命令加 2 作为应答数据；当计算机发送控制命令 0x03 时，红灯点亮并将控制命令加 3 作为应答数据；当计算机发送控制命令 0x00 时，绿灯、黄灯、红灯均熄灭并将控制命令直接作为应答数据；当计算机发送控制命令 0xFF 时，绿灯、黄灯、红灯均点亮并将控制命令直接作为应答数据。

拓展练习

本任务的控制命令为 1 字节，而工程应用中的控制命令通常为数据帧，包括帧头、帧尾、数据包等，采用数据帧进行远程控制可使得控制功能更加丰富。

针对以上问题，可以根据数据帧的长度定义接收数据缓冲区的大小。单片机依据约定好的协议解析接收数据缓冲区的内容，并控制智能交通信号灯。同时定义一个串口计数器，用于计算接收前后两个控制命令之间的时间差，当计数器所计算的时长超过一定范围时，可判定为下一帧数据的开始。

参 考 文 献

[1] 王海珍，廉佐政. CC2530 单片机原理及应用[M]. 北京：机械工业出版社，2021.

[2] 周忠强，李光荣，吴焕祥，等. 单片机技术及应用[M]. 北京：电子工业出版社，2021.

[3] 李喜英，赵赞甲，高晓惠，等. 传感器与传感网技术应用[M]. 北京：电子工业出版社，2021.

[4] 陈明. 基于 ZigBee 无线传感网的智能家居设计与实现[J]. 信息与电脑，2022，34（19）：200-203.

[5] 王连胜，夏冬艳，丁学用，等. 基于物联网技术的单片机教学改革研究[J]. 物联网技术，2019，9（07）：116-118.

[6] 王海珍，廉佐政，滕艳平. cc2530 单片机多点温度采集实验设计[J]. 实验室研究与探索，2018，37（12）：98-101，106.

[7] 王军. 基于物联网技术的高职院校 CC2530 单片机课程教学模式探究[J]. 滁州职业技术学院学报，2017，16（04）：80-82.

[8] 薛文龙，李存永，杨世凤. 基于 CC2530 和 ZigBee 技术的智慧大棚系统的研究[J]. 黑龙江科技信息，2016（15）：13-14.